L'ALIMENTATION DES DÉTENUS

AU POINT DE VUE

HYGIÉNIQUE ET PÉNITENTIAIRE

PAR

Le Dr MERRY DELABOST

Professeur à l'école de médecine de Rouen
CHIRURGIEN EN CHEF HONORAIRE DE L'HOTEL-DIEU
Médecin en chef des Prisons.

(Extrait du Bulletin de la Société Générale des Prisons.)

PARIS
IMPRIMERIE ET LIBRAIRIE CENTRALES DES CHEMINS DE FER
IMPRIMERIE CHAIX
SOCIÉTÉ ANONYME AU CAPITAL DE SIX MILLIONS
Rue Bergère, 20
1885

L'ALIMENTATION DES DÉTENUS

AU POINT DE VUE

HYGIÉNIQUE ET PÉNITENTIAIRE

PAR

Le Dr MERRY DELABOST

Professeur à l'école de médecine de Rouen
CHIRURGIEN EN CHEF HONORAIRE DE L'HOTEL-DIEU
Médecin en chef des Prisons.

(*Extrait du* Bulletin de la Société Générale des Prisons.)

PARIS

IMPRIMERIE ET LIBRAIRIE CENTRALES DES CHEMINS DE FER

IMPRIMERIE CHAIX

SOCIÉTÉ ANONYME AU CAPITAL DE SIX MILLIONS

Rue Bergère, 20

1885

DE L'ALIMENTATION DES DÉTENUS

AU POINT DE VUE

HYGIÉNIQUE ET PÉNITENTIAIRE

PRÉAMBULE

Un congrès pénitentiaire international devait s'ouvrir à Rome le 15 octobre 1884; — le choléra régnant en Italie à cette époque, le Congrès a été ajourné au mois d'octobre 1885. Parmi les nombreux sujets qui doivent être discutés dans cette réunion, le programme rédigé par la commission internationale, nommée à cet effet, a posé la question suivante :

« SUR QUELS PRINCIPES DOIT ÊTRE BASÉE L'ALIMENTATION DES DÉTENUS AU POINT DE VUE HYGIÉNIQUE ET PÉNITENTIAIRE ? »

Je ne puis me défendre d'approuver hautement et de faire ressortir la pensée vraiment philosophique, juste et pratique, qui a présidé à cette rédaction. Tous ceux qui s'occupent des questions pénitentiaires devraient s'en inspirer : on éviterait ainsi les exagérations, auxquelles beaucoup d'excellents esprits se laissent entrainer, et qui sont, en fin de compte, aussi préjudiciables à la morale qu'à l'intérêt public. Dans l'examen de cette question, on est le plus souvent tombé dans deux excès contraires, en s'obstinant à ne voir qu'un des côtés du problème (1).

---

(1) Dans l'article du Bulletin de la Société générale des Prisons, au lieu de *le plus souvent* il y avait *toujours*. Ce mot renfermait une inexactitude et dépassait ma pensée. Je n'ai pas eu et ne puis avoir la prétention de marcher le premier dans la voie que j'indique ; d'autres l'ont parcourue avant moi. Parmi ces derniers, je me plais à citer M. J. Stevens, ancien inspecteur général des prisons belges, directeur de la maison cellulaire de

Pendant trop longtemps, en effet, on n'a considéré que le châtiment nécessaire; on ne voyait que *le côté pénitentiaire*. Aujourd'hui, par une réaction un peu excessive, on est trop enclin à ne voir que *le côté hygiénique*. Ce sont deux éléments qu'il ne faudrait jamais séparer.

Sans doute la Société, qui enlève au détenu sa liberté, qui substitue son action à celle du prisonnier quand il s'agit de satisfaire les besoins matériels de l'existence, doit pourvoir à tout ce qui est nécessaire à l'entretien de la vie, de la santé et des forces du séquestré. Mais il ne faut pas non plus oublier que ce détenu est un coupable et qu'il subit un châtiment. Si la Société lui doit tout le nécessaire, elle ne lui doit que le strict nécessaire; si elle doit maintenir ses forces en bon état, elle n'a pas pour mission de lui donner de l'embonpoint.

> « Est modus in rebus; sunt certi denique fines
> » Quos ultra citraque nequit consistere rectum ».

Saint-Gilles, à Bruxelles. Dans un ouvrage très remarquable, (*Les Prisons cellulaires en Belgique — leur hygiène physique et morale*, 1878), il dit : « Quelle doit être l'alimentation du détenu ? C'est à la fois une question d'humanité, de justice et d'hygiène. Comment faut-il la résoudre ? En prenant le milieu entre deux extrêmes : le régime ne doit pas occasionner la souffrance, ni procurer de superflu. Double écueil à éviter. »

Je regrette vivement de n'avoir eu connaissance de cet important travail que lorsque mon mémoire était terminé, et déjà en partie publié dans le *Bulletin*.

— Un des avocats les plus estimés et les plus sympathiques du barreau rouennais a inséré, dans le *Journal de Rouen* du 18 octobre 1884, un article fort intéressant sur « Le régime pénitentiaire », dans lequel la question est aussi traitée au même point de vue. Le voile des initiales O. M. dont l'article est signé est trop transparent, à Rouen du moins, pour que M. O. Marais puisse m'accuser d'indiscrétion si je fais regarder mes lecteurs à travers. J'aurai l'occasion, plus loin, de citer un passage de ce travail.

1

Généralités sur l'hygiène physique et morale des détenus.

Devoirs de la société envers les détenus. — Réfutation des exagérations philanthropiques. — Habitation des détenus; emploi de leur temps. — Appréciations de la commission d'enquête anglaise de 1878. — Préjugés relatifs à l'alimentation.

Devoirs de la société envers les détenus.

Les devoirs de la société envers les détenus sont nettement définis par l'article 613 du code d'instruction criminelle et par une instruction et une circulaire ministérielles de 1844. En voici le texte :

Art. 613. (Loi du 14 juillet 1865.) — Le préfet de police, à Paris, le préfet, dans les villes où il remplit les fonctions de préfet de police, et le maire dans les autres villes ou communes, veilleront à ce que la nourriture des prisonniers soit suffisante et saine.

Instruction ministérielle.

« Si j'entends que l'Ordonnance (du 27 décembre 1843) soit obéie et exécutée sans transaction d'aucune sorte, je veux aussi, plus que jamais, que la santé des condamnés soit ménagée, qu'elle soit l'objet de tous les soins nécessaires, qu'aucun d'eux, à l'avenir, ne puisse se plaindre de n'avoir pas une nourriture satisfaisante, quelle que soit sa position pénale, quelque faute même qu'il puisse commettre. L'humanité peut toujours se concilier avec une juste sévérité dans les prisons. » (Instruction sur la répartition du produit du travail des condamnés, 28 mars 1844. Le ministre de l'intérieur, Duchâtel.)

Circulaire ministérielle.

« La captivité pénale, lorsqu'elle est surtout de longue durée, ayant une action plus ou moins débilitante, c'est un devoir d'humanité d'en diminuer le plus possible les effets, afin que les condamnés, à l'expiration de leur peine, n'aient pas cessé d'être en état de gagner leur vie par leur travail. Mais si, pour la conservation de leur santé, il est indispensable de leur accorder une nourriture plus abondante, et souvent plus substantielle que celle que beaucoup d'ouvriers ont bien de la peine à se procurer par leur travail, vous comprenez cependant, Monsieur le Préfet, qu'il est des limites que nous ne saurions dépasser sans nous attirer de justes reproches, parce que nous offenserions alors la morale publique. Aussi, dans l'examen que j'aurai à faire du travail que je demande sur la nourriture, je me guiderai par la pensée unique de n'accorder que ce qui me paraît absolument nécessaire. » (17 février 1844. Circulaire sur les améliorations que pourrait exiger le régime alimentaire dans les maisons centrales, par suite de l'ordonnance du 27 septembre 1843. Le ministre de l'Intérieur, Duchâtel.)

Réfutation des exagérations philanthropiques.

Ces principes si sages ont été souvent méconnus; et l'on a, au nom de l'humanité et de la philanthropie, adressé des critiques à l'ensemble des mesures hygiéniques auxquelles les détenus se trouvent soumis dans la plupart des pays civilisés.

Il me paraît utile de réagir contre ces exagérations, qui proviennent surtout de deux causes : une sensibilité excessive, ou erronée à son point de départ; — des idées fausses sur l'alimentation.

L'amour du prochain, l'impression pénible née de la vue des souffrances d'autrui, le désir d'améliorer la situation des malheureux, sont assurément des sentiments très louables. Mais ces sentiments trouveraient tant d'occasions de se manifester à l'endroit d'honnêtes gens frappés par l'adversité, qu'on peut s'étonner de la direction toute spéciale et parfois exclusive qui leur est imprimée vers les coupables que la société châtie.

Souvent aussi le point de départ est erroné. La plupart de ceux qui s'occupent des questions pénitentiaires, et de l'amélioration du sort des détenus, appartiennent à la classe aisée et même riche de la société. Jugeant de la situation faite aux prisonniers par comparaison avec leur propre bien-être, ils oublient trop les causes de la séquestration, et sont amenés à trouver le sort des détenus.tout à fait digne de pitié.

Si, au lieu d'envisager ainsi la question, ils prenaient pour point de comparaison la situation d'un grand nombre de familles d'ouvriers honnêtes; s'ils voyaient, comme le voient trop souvent, par exemple, les médecins des bureaux de bienfaisance, les logis malsains, privés d'air et de soleil, où s'entassent des familles entières, la même pièce servant, tout à la fois, d'atelier, de réfectoire, de *nursery*, de dortoir, parfois même encore de chambre mortuaire; s'ils assistaient à des repas dont l'insuffisance comme composition n'est égalée que par la défectuosité de la préparation, ils seraient, sans doute, moins disposés à déplorer la situation faite, de nos jours, aux condamnés.

Habitation des détenus. Emploi de leur temps.

Nous sommes loin de la légendaire « paille humide des cachots ». La cellule de punition qui l'a remplacée n'est sans doute pas un idéal, avec ses quatre murs blancs et nus, son petit vasistas grillé et son sol asphalté; mais, du moins, elle n'est pas humide; le cube d'air nécessaire à la respiration a été calculé avec soin; les conditions hygiéniques y sont observées. Ceux qui l'occupent ne sont-ils pas, d'ailleurs, presque toujours, des incorrigibles qui, non contents du châtiment infligé par la justice, s'exposent volontairement, par leur esprit d'indiscipline, à de nouvelles sévérités? Ceux dont la conduite est satisfaisante couchent dans des dortoirs convenablement aérés. (Je ne parle ici, bien entendu, que de ce que j'ai tous les jours sous les yeux, à la prison départementale de Rouen). Si les lits sont un peu durs, que les philanthropes n'oublient pas qu'il sont pourtant de beaucoup préférables à ceux de nos soldats en campagne ou en campement, et à ceux de beaucoup d'honnêtes gens (1). Le pain est, au moins, aussi bon, sinon meilleur

---

(1) *Règlement*, art. 67. — Le coucher du prisonnier comprend : une couchette en fer, une paillasse ou un matelas, un traversin en paille, une paire de draps, une couverture de coton en été et deux couvertures, dont une de laine, en hiver.

Art. 80. Le coucher du malade comprend : une couchette, une paillasse, un matelas, un traversin, un oreiller de plumes avec sa taie, une paire de draps de lit et deux couvertures; le tout, conformément aux prescriptions du cahier de charges.

que celui des soldats. La propreté du linge est l'objet de soins méticuleux; il me souvient d'avoir entendu un inspecteur général faire des observations sévères à un directeur parce qu'une tache, laissée dans un pli d'un col de chemise, accusait un peu de négligence de la part des lessiveuses. — Durant toute la journée, les dortoirs sont vides et largement ventilés; il en est de même des ateliers pendant les heures de repos et de promenade. L'emploi de la journée est réglé de telle sorte que les repas sont toujours suivis d'un temps de repos, et de cette marche cadencée, en file indienne, qui, pour être peu récréative, n'en est pas moins éminemment favorable au travail de la digestion (1). Combien de travailleurs libres, aussitôt le repas fini, doivent se remettre au travail, sans trève ni relâche! L'expérience des prisons, la fréquence des récidives, démontrent également que la vie du prisonnier n'est pas aussi malheureuse que certains se le figurent. Un exemple des plus démonstratifs, et qui d'ailleurs est devenu très fréquent, m'en a été fourni par un ancien directeur des prisons de la Seine-Inférieure,

---

(1) Emploi du temps :

Lever : En décembre, janvier et février à 6 heures 1/2 ; — en mars, avril, octobre et novembre, à 6 heures ; — En mai, juin, juillet et août à 5 heures. — aussitôt après, promenade jusqu'à l'entrée à l'atelier, qui a lieu une demi-heure après le lever — travail jusqu'à 9 heures.

Repas du matin — 9 heures; — de 9 heures 1/2 à 10 heures, promenade (ou école) : — de 10 heures à midi travail d'atelier. — à midi repos et goûter (pour ceux qui ont réservé quelques provisions sur le repas du matin) — travail d'atelier de 12 h. 1/4 à 4 heures.

Repas du soir 4 heures — de 4 heures 1/2 à 5 heures, promenade — à 5 heures, rentrée à l'atelier.

Coucher : à 9 heures, du 1er mai au 30 septembre : — à 8 heures pendant le reste de l'année, lorsqu'il n'y aura pas d'atelier dans la prison.

La durée des veillées sera fixée par un arrêté préfectoral, sans qu'elle puisse se prolonger au delà de 10 heures du soir.

Dans les prisons où le travail du soir ne sera pas organisé régulièrement, la veillée sera consacrée de préférence soit à l'école, soit à des lectures à haute voix ou à des conférences (nouveau règlement, article 66).

Le dimanche, le lever a lieu une heure plus tard, le coucher plus tôt.

Il n'y a pas de travail — le temps est employé aux services religieux (non obligatoires) (art. 92), aux repas, à la promenade, à des lectures à haute voix ou personnelles. (Dans les établissements où le travail fonctionne régulièrement, des ouvrages seront mis à la disposition des détenus, sur leur demande, une fois, au moins par semaine. — Art. 90).

— A la prison départementale de Rouen, depuis l'installation du système des bains-douches, en 1873, et dans un assez grand nombre de prisons, depuis cette époque, des bains-douches de propreté, à l'eau chaude, sont donnés, au moins une fois par mois, à tous les détenus.

M. Lacassagne. Un prisonnier, qui subissait de la détention préventive, est condamné à huit jours d'emprisonnement. — Il appelle de sa condamnation. — La Cour confirme le premier jugement. — Il se pourvoit en Cassation. Tout naturellement les délais inévitables de ces deux recours allongèrent passablement la durée de la peine. Si j'ajoute que la culpabilité n'était pas contestable, et que ce détenu n'en étant pas à son coup d'essai, son obstination à se représenter devant la justice ne saurait être attribuée au désir d'éviter la honte d'une condamnation définitive, il deviendra bien évident pour tous que la vie de prison ne lui était pas désagréable, sans quoi il se fût empressé de purger sa condamnation, afin de sortir au plus vite (1).

---

(1) L'article publié par M. O. Marais sur le régime pénitentiaire, dans le *Journal de Rouen*, renferme, à ce sujet, un tableau magistralement tracé, qu'il me paraît intéressant de reproduire ici : « Il est une autre cause de l'accroissement des délits et des crimes sur laquelle nous désirons insister plus particulièrement dans les lignes qui vont suivre. Les peines édictées par nos Codes ont perdu, pour beaucoup de criminels, le caractère répressif que le législateur avait voulu leur attribuer ; il n'est plus rare, maintenant, de voir des inculpés qui avouent n'avoir commis le fait, à l'occasion duquel on les poursuit, que dans l'espoir d'*obtenir* une peine particulière après laquelle ils aspirent. Tel, à l'approche de la saison rigoureuse, se livre à un délit insignifiant, et implore de la clémence de ses juges un emprisonnement confortable qui le conduira jusqu'au retour du printemps ; tel choisit avec soin le lieu de son délit afin d'être envoyé dans la prison où il sait qu'il retrouvera des amis de son choix ; celui-ci s'accusera d'un crime qu'il n'a pas commis afin de s'élever dans l'échelle des peines et d'arriver tout droit à la déportation en évitant la maison de réclusion. N'a-t-il pas fallu décider, par une loi récente, que les crimes commis dans les prisons n'entraîneraient jamais la peine de la déportation, tant étaient devenus fréquents les attentats par lesquels les condamnés cherchaient à échapper au régime de la maison centrale ? Enfin, dans le monde des criminels, la peine de mort est, en quelque sorte, reléguée au nombre des souvenirs historiques d'un âge disparu. D'où provient un tel état de choses ? Il n'est pas difficile d'en découvrir l'origine.

Avant ce siècle, les peines avaient un caractère de barbarie, et même de férocité, qui excitait la verve et l'indignation des philosophes. Ceux-ci n'avaient pas tort. La société, dans l'intérêt de sa légitime défense, doit mettre le criminel dans l'impossibilité de nuire, au moins pendant le temps de sa peine ; nous accordons même à celle-ci le droit de faire subir une expiation corporelle à l'homme qui a violé ses lois ; enfin, cette expiation peut aller jusqu'à offrir, au reste des citoyens, un caractère exemplaire qui détourne du mal, par la crainte de la répression, ceux qui seraient tentés de le commettre.

Telles sont, d'après les criminalistes, les règles équitables qui doivent guider un législateur dans la promulgation des peines. Nos pères avaient manifestement dépassé la mesure par la rigueur de leurs pénalités. Depuis la Révolution, une réaction s'est produite, et comme presque toutes les réactions elle a été excessive. Sous l'empire d'un sentiment de philanthropie exagérée, on s'est mis à bâtir des palais dans lesquels le confort le dispute à l'élégance des proportions. Le prisonnier devient un objet de sollicitude

Ces détails n'ont pas pour but, on le pense bien, de démontrer que le sort du prisonnier est enviable; mais seulement que si, au lieu de prendre pour point de comparaison l'existence facile d'hommes entourés de bien-être, on compare le sort du détenu à celui d'un grand nombre de travailleurs libres, (ce qui est assurément plus juste, étant donnée la classe qui fournit le plus d'éléments aux prisons) la comparaison ne sera pas toujours à l'avantage des honnêtes gens.

Appréciations de la commission d'enquête anglaise de 1878.

Ces convictions, qu'une pratique de plus de vingt années, (dans une prison qui ne compte pas, en général, moins de sept à huit cents détenus), a fait naître et sans cesse confirmées dans mon esprit, je les ai trouvées exprimées en excellents termes dans le rapport très étudié d'une commission chargée d'une enquête sur le régime des prisons anglaises. (1). En voici un passage qu'il m'a paru intéressant de citer :

publique. A l'abri des murs protecteurs, où la rigueur des hommes l'enferme pour un temps, quels soins ! Grâce aux précautions prises, les hivers lui seront cléments et les étés favorables ; un travail facile l'occupe sans le fatiguer ; le prisonnier y trouve même le moyen d'amasser un petit pécule ; est-il souffrant, les remèdes les plus dispendieux ne lui sont pas marchandés et sa précieuse personne reçoit les secours des meilleurs médecins de la ville. Ne parlons pas de son ordinaire, il est excellent et ferait la joie de plus d'un ménage bourgeois. Et pendant ce temps, l'ouvrier honnête, chargé de soucis et de famille, peine depuis l'aube, pour apporter, le soir, un morceau de pain dans son réduit, le plus souvent malsain et obscur. Et pendant ce temps, nos braves soldats subissent, sans se plaindre, les intempéries des saisons, affrontent les climats meurtriers et reçoivent une nourriture parcimonieusement mesurée ! Franchement, s'il n'y a pas dans ce contraste de quoi dégoûter d'être pauvre et de rester honnête !, il faut bien reconnaître que la prison, en de telles conditions, perd toute apparence de rigueur. L'homme qui y sera entré une fois et dont, par conséquent, la réputation n'a plus guère à souffrir d'une chute nouvelle, considérera certainement, sans aucun effroi, la perspective de passer quelque temps de plus dans une maison où l'État pratique à son égard une hospitalité aussi généreuse,

Telle est l'explication d'une partie des récidives correctionnelles. »

(1) *Report of the Committee appointed to inquire into the Dietaries of the Prisons in England and Wales, subject to the Prisons acts 1865 and 1877.*

Je dois à M. le docteur Foville, Inspecteur Général des services administratifs du Ministère de l'Intérieur, que je ne saurais assez remercier de son extrême obligeance, la communication de plusieurs documents très importants relatifs aux prisons d'Angleterre et d'Écosse, qui m'ont été fort utiles pour la rédaction de ce travail.

« Nous ne rapporterons pas ici tout ce que nous avons vu et entendu; mais nous pensons qu'il convient de tracer un tableau de la vie de prison, à un point de vue qui, suivant nous, n'a pas encore été envisagé avec toute l'attention qu'il mérite. Dans le cours de nos nombreuses visites aux prisons locales, nous avons conversé avec beaucoup de prisonniers; nous les avons observés à toutes les heures du jour, et nous n'avons pu nous empêcher de conclure que, dans un grand nombre de cas, l'emprisonnement, tel qu'il est actuellement appliqué, est une condition plus ou moins voisine du « repos physiologique ». Le combat pour l'existence est suspendu, et le prisonnier se trouve amené à penser que la prière pour le pain quotidien est devenue inutile; la sollicitude de ses gardiens y pourvoit. La tranquillité d'esprit, l'absence de toute inquiétude sont les traits caractéristiques de cette vie. Dès l'instant où la prison a refermé ses portes sur le détenu, son organisme subit moins d'usure; il vit, en réalité, moins rapidement qu'auparavant.

« He is insensibly subdued
To settled quiet; »

(Il est insensiblement amené à un repos régulier). Il trouve, dans un grand nombre de cas, une paix et un calme que son état de citoyen hors la loi lui avait momentanément fait perdre.

Nous avons remarqué que le travail imposé aux prisonniers n'est jamais excessif; et, ici, nous pouvons ajouter que ce n'est pas le travail, soit de corps soit d'esprit, qui tue l'homme, c'est le tourment; or le tourment, en général, les détenus ne le connaissent pas. « Le travail est salutaire, mais le tourment est comme la rouille qui ronge la lame et la détruit ».

Bon nombre de médecins des prisons, à leur entrée en fonctions, éprouvent une certaine émotion lorsqu'ils sont appelés, pour la première fois, à visiter un détenu pendant la nuit; ils se trouvent sous l'empire de cette idée que la conscience des criminels doit agiter leur sommeil.

« ... Multi, per somnia sœpe loquentes,
» Aut morbo delirantes, peccata dedisse »

(Lucrèce.)

Mais ils s'aperçoivent bientôt que, si chargée que soit la conscience de ces hommes, elle ne les trouble guère. Chaque prisonnier semble disposé à répéter avec le poëte :

> « I feel within me
> » A peace above all earthly dignities,
> » A still and quiet conscience. »

(Je sens en moi une paix supérieure à toutes les dignités de
la terre, une conscience calme et tranquille.)

Préjugés relatifs à l'alimentation.

J'ai dit qu'une autre cause des exagérations dans lesquelles on
tombe, dès qu'il s'agit des questions pénitentiaires, provenait
d'idées erronées sur l'alimentation ; j'espère le démontrer dans
le cours de ce travail. Cette tâche ne sera pas sans difficulté,
car mes opinions seront en contradiction avec celles d'un certain nombre de médecins et de physiologistes des plus distingués ;
j'aurai à lutter contre un courant assez général ; peut-être même
s'étonnera-t-on de voir cette thèse soutenue par un médecin.
On sait, en effet, que si des difficultés surgissent parfois entre
les administrations, hospitalières ou autres, et le corps médical, elles sont fréquemment provoquées par les revendica-
tions de celui-ci en fait de régime alimentaire ; et on nous croit
naturellement portés, dès que la santé paraît être en jeu, à
tenir assez peu de compte de toute autre considération.

Mais j'estime que, dans des questions de l'importance et de
la gravité de celle dont je m'occupe, il faut savoir laisser de
côté toute sentimentalité, pour envisager froidement, sans
parti pris, la réalité des choses. C'est le seul moyen d'arriver à
une solution qui satisfasse à tous les intérêts en présence.

Ainsi que l'a fait observer très judicieusement M. le professeur Bouchard, à propos de l'abus des viandes, il ne faut pas
que le médecin se rende complice de ces erreurs alimentaires
et économiques. C'est à lui qu'il appartient, au contraire, de
faire connaître la vérité.

Je me suis donc efforcé, dans ce travail, de me dégager de
toute idée préconçue, et de ne tirer mes arguments et mes
conclusions que du contrôle réciproque de la science et de
l'expérience, afin de répondre à la question formulée par la
Commission internationale : « Sur quels principes doit être
basée l'alimentation des détenus, au point de vue hygiénique et
pénitentiaire ? »

II

Alimentation réglementaire des détenus ou Ration d'entretien.

Difficultés du problème. — Éléments de solution. — Ration d'entretien. —
Évaluations physiologiques. — Ration ordinaire des détenus. — Résultats
constatés à la prison départementale de Rouen. — Régime alimentaire dans
les Prisons d'Angleterre. — Régime alimentaire des mobiles pendant le
siège de Paris. — Conclusion.

Difficultés du problème.

Malgré tant d'efforts tentés depuis longtemps dans cette voie,
l'alimentation des prisonniers n'a pas encore été soumise à une
réglementation complètement satisfaisante. Rien d'étonnant à
cela, étant données toutes les difficultés du problème, difficultés dont l'indication n'existe même que partiellement au
questionnaire de la Commission internationale.

« De temps en temps les organes de la *presse quotidienne,* se
faisant l'écho d'observations formulées dans le public, critiquent
le régime alimentaire adopté dans les pénitenciers modernes.
Parfois, on trouve que les détenus sont trop mal nourris;
d'autres fois, on prétend qu'ils le sont mieux que des ouvriers
honnêtes qui gagnent péniblement leur vie et celle de leur
famille. Il est évident que, si ces critiques étaient fondées, il y
aurait lieu de modifier le régime alimentaire, c'est-à-dire, de
le simplifier autant que possible, mais cependant faire entrer
dans la composition des repas d'un jour la quantité physio-
logiquement normale de matières alimentaires organiques azotées
et non azotées, et de sels, de manière que les déperditions du
corps soient exactement compensées. L'examen de cette question
intéresse non seulement les médecins des établissements pénitentiaires, mais aussi tous les fonctionnaires qui dirigent l'éduca-
tion et le travail des détenus. On est arrivé à fixer d'une manière
scientifique le régime alimentaire du soldat, pourquoi ne
pourrait-on pas fixer celui du prisonnier, en tenant compte à
la fois du traitement hygiénique et pénitentiaire? »

Il me paraît nécessaire de faire remarquer que les conditions sont absolument différentes. L'armée est composée de jeunes hommes choisis, valides, livrés aux mêmes occupations, ayant les mêmes fatigues, les mêmes besoins; l'observation y est facile et concluante: ses résultats ont permis de fixer une formule unique conforme aux données de la science et de l'expérience.

Dans les prisons, au contraire, la population est loin d'être homogène; on trouve des enfants, des adultes, des vieillards; des hommes et des femmes; des individus de solide constitution et un certain nombre de malingres et de souffreteux; les uns ne travaillent pas, ou sont soumis à des occupations qui n'exigent aucun effort, tandis que d'autres sont employés à des travaux fatigants ; la durée de l'emprisonnement est aussi excessivement variable.

Il est bien évident que cette grande variété rend l'observation fort difficile et qu'une formule unique ne saurait, comme pour l'armée, s'appliquer à l'alimentation de toutes ces catégories ; il est, en outre, bien certain qu'il serait absolument impossible, à moins de complications inextricables, d'attribuer un régime spécial à chacune d'elles.

Éléments de solution.

La solution de la question est donc complexe; un moyen de la simplifier consiste à chercher un *minimum d'alimentation*, convenable pour la moyenne de la population, et à désigner le *supplément de nourriture* également convenable que nécessite, pour la moyenne de la population, le changement de certaines conditions d'existence.

Au premier abord ce procédé pourra paraître plus théorique que pratique; mais, en réalité, il serait d'une application très facile; et il n'est autre que ce que les physiologistes désignent sous le nom de *ration d'entretien* et *ration de travail*.

« Nous entendons, dit M. Armand Gautier, par *ration d'entretien*, la quantité d'aliments qui est nécessaire à l'homme dans un climat tempéré, pour maintenir sa santé, sans produire de travail musculaire extérieur ni se livrer à aucune fatigue intellectuelle. »... « Comme de Gasparin, j'appelle *ration de travail* cette partie de l'alimentation qui doit subvenir à l'excès de dépense de l'économie occasionnée par le travail mécanique,

tandis que la ration d'entretien est utilisée seulement à conserver à l'animal sa santé et son poids constant (1). »

La question peut donc être posée sous cette forme :

— Quel doit être le minimum d'alimentation des détenus ?
(ration d'entretien).

— Quand et comment convient-il de l'augmenter ? (ration de
travail).

Ration d'entretien.

Pour fixer ce minimum il est nécessaire de tenir compte tout
à la fois des résultats de l'expérience et des indications de la
chimie biologique ; l'emploi simultané, le contrôle réciproque
de ces deux moyens d'investigation permettent d'éviter certaines
erreurs auxquelles chacun d'eux, employé isolément, pourrait
conduire.

L'expérience, on le conçoit, en effet, est fort difficile dans
les prisons, en raison de toutes les variétés énumérées plus haut
et de certains autres éléments qui peuvent se rencontrer (assez
exceptionnellement, il est vrai), comme le chagrin causé
par la condamnation, la privation des affections de famille,
etc. C'est à ce genre d'observations que pourrait peut-être
s'appliquer le plus exactement le mot d'Hippocrate « experientia
fallax. »

De son côté, la science pure peut conduire parfois à des
résultats bien inattendus ; il me souvient qu'il y a quelques
années, le Directeur d'une administration où l'on employait un
grand nombre de chevaux voulut réaliser, d'après une méthode
trop scientifique, des économies sur la nourriture de ces animaux. Il substitua donc à leur régime habituel des aliments
qui renfermaient les quantités physiologiques, très bien dosées,
de carbone et d'azote. Une proportion inusitée de maladies et
de morts en fut la conséquence. C'est qu'il ne suffit pas qu'une
substance soit riche en principes alimentaires pour constituer
un aliment convenable ; il faut encore qu'elle soit assimilable.
Ainsi que l'a fait observer le professeur Von Voit, de Munich,
le foin qui renferme de l'azote et du carbone n'est pourtant
pas un aliment pour l'espèce humaine.

---

(1) Armand Gautier. — *Chimie appliquée à la physiologie, à la pathologie
et à l'hygiène.* Paris, Savy, 1874.

Évaluations physiologiques.

Les physiologistes, évaluant le chiffre des matériaux éliminés dans le jeu des fonctions chez l'homme bien portant, ont déterminé la mesure de la restitution nécessaire par l'alimentation.

« D'après un grand nombre de déterminations, un homme adulte sain élimine, en moyenne et en vingt-quatre heures, de 0 gr. 36 à 0 gr. 60 d'urée par kilo, c'est-à-dire de 11 à 18 grammes d'azote environ, pour un poids moyen du corps évalué à 63 kilos. Il faut à cette quantité ajouter 5 à 6 grammes d'azote excrétés par les sueurs, les mucus, les excréments et la respiration. Nos aliments doivent donc nous fournir tous les jours de 18 à 24 grammes d'azote.

» Remarquons que nous ne parlons ici que de la sécrétion de l'azote chez l'homme adulte d'un poids de 63 kilos, et dans des conditions moyennes, se livrant tout au plus à un travail très modéré. Cette variation de 6 grammes dans la sécrétion de l'azote chez deux individus de même poids, vivant d'une façon analogue, ne peut s'expliquer que par la différence de leur alimentation, plus azotée chez les uns que chez les autres. Lehmann a montré, en effet, qu'en se soumettant successivement à un régime entièrement exempt de matières protéiques, puis à un régime purement animal, sans autre changement dans son mode de vivre, il excrétait 15 gr. 41 d'urée dans le premier cas, et 53 gr. 19 dans le second.

» La quantité d'azote absorbée à l'état d'aliments par un même individu est donc, toutes choses égales d'ailleurs, fonction de ses habitudes d'alimentation, et l'on peut en dire autant du carbone.

» L'expérience a démontré, sur une grande échelle, que l'habitude tend à exagérer les quantités d'azote et de carbone ingérées sous forme d'aliments.

» L'homme civilisé mange trop; sa ration normale est arrivée à atteindre, par l'habitude, le chiffre de 20 grammes d'azote et 280 grammes de carbone, tandis que l'expérience démontre que la santé peut être entretenue chez l'homme moyen, qui ne se livre pas au travail musculaire, avec une alimentation mixte fournissant 12 grammes d'azote et 220 à 250 grammes de carbone par jour, tout au moins dans nos climats.

« Si, en fait, un adulte au repos consomme en général 20 à 22 grammes d'azote et 280 à 300 grammes de carbone, c'est donc que l'habitude a grevé son alimentation d'un excès de 8 grammes d'azote et de 50 à 70 grammes de carbone...

... « D'après ce qui a été dit plus haut de l'alimentation des adultes se livrant à un travail nul ou très modéré, *nous pouvons fixer comme suit la ration d'entretien normale telle qu'elle résulte de l'expérience. Un adulte au repos doit recevoir dans les aliments destinés simplement à conserver constant le poids de son corps :*

EN CARBONNE	EN AZOTE	
265 gr.	12 gr. 5	d'après Payen.
267 gr.	11 gr.	d'après Edward Smith.
264 gr.	12 gr. 5	d'après de Gasparin
230 gr.	11 gr.	d'après l'auteur (1). »

Le professeur Voit estime que le régime des prisonniers adultes non soumis au travail manuel doit comporter :

Albumine	85 gr.	(soit 13 gr. d'azote).
Graisse	30 gr.	
Hydrocarbonés	300 gr.	

L'alimentation délivrée aux détenus répond-elle aux exigences de la physiologie, et l'expérience spéciale des prisons confirme-t-elle ces données de la science en ce qui concerne la ration d'entretien ?

Ration ordinaire des détenus.

Les renseignements suivants, empruntés au cahier des charges de l'entreprise générale du service des maisons d'arrêts, de justice et de correction de la Seine-Inférieure, et les tableaux qui les résumeront, en indiquant la valeur nutritive des aliments, vont permettre de répondre à la première question.

Nourriture des détenus valides.

Art. 8. — Les détenus recevront chaque jour, soit dans les prisons d'arrondissement, soit dans les dépôts et chambres de

---

(1) Armand Gautier. — *Loco cit.*

2

— 18 —

sûreté, une ration de pain et deux rations de vivres dont la composition est déterminée par les articles 14 et 15.

Art. 11. — La ration journalière de pain, soupe comprise, sera, pour chaque homme, de 850 grammes (1), et pour chaque femme, de 800 grammes.

Art. 14. — Tous les jours, excepté ceux dont il est question à l'art. 15, le surplus du service alimentaire se composera d'un litre de soupe, qui sera préparé et distribué en deux fois.

Pour les prisons d'arrondissement, cette soupe sera faite dans les proportions ci-après, pour 100 individus ;

30 kilog. de pommes de terre de bonne qualité et bien épluchées ;

8 kilog. de carottes ou de navets bien épluchés et coupés en rouelles, ou d'autres légumes en proportion, tels que choux, pois, fèves ou haricots frais suivant la saison ;

1 kilog. d'oseille cuite, dont l'eau aura été exprimée.

1 kilog. de pois, lentilles ou haricots réduits en purée, ou pareille quantité de gruau d'orge.

1 kilog. de sel ;

10 grammes de poivre ;

1 kilogr. 500 de beurre ou 1 kilogr. 250 de graisse de porc dite saindoux, fondue et bien épurée.

Pendant le temps où les pommes de terre germeront ou ne pourront être employées, c'est-à-dire pendant l'espace de 3 mois, selon la saison ou la localité, les 30 kilog. qui entrent dans la composition de 100 rations de soupe seront remplacés par 9 kilog. de riz, de pois, de fèves, de lentilles ou de haricots secs ou par 16 kilogr. des mêmes légumes verts.

L'emploi de ces légumes sera varié autant que possible.

Pendant tout le temps que les légumes secs remplaceront les pommes de terre dans la composition de la soupe, on fera entrer 2 kilog. d'oseille cuite dans 100 rations d'un litre.

Art. 15. — Les dimanches de chaque semaine, à l'Ascension, à l'Assomption, à la Toussaint et à Noël, il sera fait un service gras consistant, le matin, pour chaque individu, en une ration de soupe dans laquelle il entrera 5 décilitres de bouillon pro-

---

(1) 750gr + 100gr dans la soupe.

venant de la cuisson de 15 kilog. de viande de race bovine, remplissant les conditions stipulées dans l'article 17, pour 100 individus.

Le régime gras sera dû un autre jour de la semaine qui sera désigné par l'administration, lorsque l'Assomption, la Toussaint et Noël tomberont un dimanche.

On ajoutera pour l'assaisonnement et par 100 rations :

1 kilogr. de carottes bien épluchées et coupées en rouelles, ou d'autres légumes frais en proportion, tels que poireaux, navets, épinards, oseille, etc. Le sel et le poivre nécessaires.

Il sera mis en réserve une quantité de bouillon suffisante pour le service du soir. Ce service se composera de la viande qui aura servi à faire la soupe du matin et à laquelle on ajoutera 30 kilogr. de pommes de terre épluchées, 400 grammes de graisse, et 2 kil. d'oignons, pour 100 individus, le sel et le poivre nécessaires. Ces aliments, à part la viande, devront être cuits dans le bouillon mis en réserve, de manière à former pour chaque individu une ration de 4 décilitres.

Dans la saison où les pommes de terre ne pourront être employées, elles seront remplacées par 12 kilogr. de légumes secs, au choix de l'administration.

Art. 17. — La viande sera bien saignée, de bonne qualité, sans qu'il puisse être admis de tête, cœur, col, fressure, ni pieds.

Elle devra produire un rendement minimum de 50 0/0 en viande propre à faire des rations.

Les prescriptions du cahier des charges se trouvent résumées dans les tableaux suivants :

Tableau indiquant la composition la plus habituelle des repas pendant l'été, lorsqu'on ne délivre pas de pommes de terre.

JOURS	VIANDE	LÉGUMES (choux carottes navets poireaux.)	HARICOTS	CAROTTES OU OIGNONS	RIZ	OSEILLE	PURÉE	POIS	GRAISSE	BEURRE	PAIN
	gr.	gr.	gr.	gr.	gr.	gr.	gr.	gr.	gr.	gr.	gr.
Dimanche (soupe grasse — ragoût de viande aux haricots)	150	10	120	20					4		850
Lundi (soupe au riz)		80			90	20	10		12,20		id.
Mardi (soupe aux haricots)		80	90			20	10		12,20		id.
Mercredi (soupe aux petits pois)		80					10	90	12,20		id.
Jeudi (soupe au riz)		80				20	10		12,20		id.
Vendredi (soupe aux petits pois)		80				20	10	90		15	id.
Samedi (soupe aux haricots)		80	90			20	10		12,20		id.
Total par semaine	150	490	300	20	180	120	60	180	65,00	15	5.950

Tableau indiquant la composition la plus habituelle des repas pendant l'hiver.

JOURS	VIANDE	LÉGUMES	HARICOTS	CAROTTES	RIZ	OSEILLE	PURÉE	POIS	POMMES de terre.	GRAISSE	BEURRE	PAIN
	gr.	gr.	gr.	gr.	gr.	gr.	gr.	gr.	gr.	gr.	gr.	gr.
Dimanche	150	10		20					300	4		850
Lundi		80			90	20	10			12,20		id.
Mardi		80				10	10		300	12,20		id.
Mercredi		80				20	10	90		12,20		id.
Jeudi		80				10	10		300	12,20		id.
Vendredi		80				10	10		300		15	id.
Samedi		80	90			20	10			12,20		id.
Total par semaine	150	490	90	20	90	90	60	90	1.200	65,00	15	5.950

Tableau indiquant la composition en azote et carbone des aliments délivrés pendant une semaine.

| | SANS POMMES DE TERRE | | | | AVEC POMMES DE TERRE | | |
| ALIMENTS | POIDS | COMPOSITION EN | | ALIMENTS | POIDS | COMPOSITION EN | |
		Azote	Carbone			Azote	Carbone
	gr.	gr.	gr.		gr.	gr.	gr.
Viande 150 (1)	120	3 60	13 20	Viande . . .	120	3 60	13 20
Légumes frais	490	1 51	26 95	Légumes frais	490	1 51	26 95
Haricots. . .	300	11 76	129	Haricots. . .	90	2 82	38 70
Carottes . . .	20	0 06	1 10	Carottes . . .	20	0 06	1 10
Riz (2). . . .	180	8	73 80	Riz	90	0 89	36 90
				Pommes de terre.	1200	3 96	132
Oseille (3) . .	120	»	»	Oseille. . . .	70	»	»
Purée de légumes.	60	2 35	25 80	Purée	60	2 35	25 80
Pois.	180	7 03	79 20	Pois.	180	7 03	79 20
Graisse . . .	65	»	51 35	Graisse . . .	65	»	51 35
Beurre . . .	15	0 09	12 45	Beurre. . . .	15	0 09	12 45
Pain	5950	71 40	1785	Pain.	5950	71 40	1785
Totaux pour une semaine.		99 58	2197 85	Totaux pour une semaine.		93 71	2202 65
Moyenne par jour		14 22	313 85	Moyenne par jour . . .		13 38	314 66

Les tableaux qui précèdent montrent que les aliments délivrés pour la ration ordinaire, en même temps qu'ils sont variés, contiennent :

Une moyenne journalière de près de 13 gr. 1/2 d'azote, et de plus de 313 grammes de carbone, au minimum.

Il m'est donc permis de dire qu'ils répondent largement aux demandes des physiologistes pour la ration d'entretien.

Résultats constatés à la prison départementale de Rouen.

Pour ce qui est de l'expérience, en plus de vingt années, à la prison départementale de Rouen, je n'ai pas observé un

---

(1) Les os entrant, suivant Payen, pour 1/5 dans le poids de la viande, les 150 grammes de viande ne comptent que pour 120 grammes de viande désossée.

(2) D'après la table de Payen, le riz contiendrait en azote 1,8 0/0. Mais M. Armand Gautier a rectifié ce chiffre; la vraie valeur est 0,99.

(3) L'oseille, riche en principes acides (oxalates), est, comme la tomate, asperge, les jeunes tiges de rhubarbe, utile surtout comme excitant de la digestion et rafraîchissant. (Armand Gautier, *loco cit.*)

seul détenu dont la maladie fût imputable à l'insuffisance de l'alimentation, et la même observation a été faite par mon excellent confrère et ami M. le Dr Quentin, que, depuis 15 ans, j'ai pour collaborateur à la prison.

On peut objecter que dans la prison de Rouen, comme dans toutes les prisons de France, un grand nombre de détenus ajoutent, à l'alimentation réglementaire, des aliments fournis par la cantine, et qu'il devient dès lors impossible de faire la part réelle de l'effet de la nourriture prescrite par le cahier des charges. Cette objection, je le reconnais, est fort sérieuse ; l'addition de cantine, et les irrégularités qui en résultent dans les rations de vivres rendent, en effet, pour le moins difficile l'appréciation de ces effets de l'alimentation. Toutefois, je ferai remarquer qu'il y a toujours un certain nombre de détenus qui n'usent pas de cantine, et cela pendant un temps assez long ; de sorte que l'insuffisance de l'alimentation, s'il s'en était produit, n'eût point échappé à notre observation.

Régime alimentaire dans les prisons d'Angleterre.

Dans les prisons anglaises, où il n'y a pas de cantine, les effets de l'alimentation ont pu être plus facilement observés ; les détenus sont groupés, sous le rapport du régime alimentaire *(dietaries)*, par classes, correspondant à la durée de la peine ; chaque classe est, en outre, subdivisée en deux catégories, suivant que le prisonnier a été ou non condamné au travail obligatoire *(With hard labour* ou *Without hard labour)*.

Divers régimes ont été successivement expérimentés, de 1843 à 1864 ; — de 1864 à 1878. Le 27 février 1878, une nouvelle classification a été proposée dans le remarquable rapport auquel j'emprunte ces renseignements *(Report of the Committe appointed to inquire into the Dietaries of the prisons in England and Wales, subject to the Prison Acts 1865 and 1877.)*

Je me bornerai ici à indiquer la composition en azote et carbone des régimes alimentaires dont l'expérience a pu démontrer les effets. Voici un résumé aussi succinct et aussi clair que possible des tableaux nombreux et détaillés contenus dans ce rapport (1).

---

(1) En Angleterre, où le système décimal n'a pas encore été adopté, il y a

Régime alimentaire de 1843

HOMMES AVEC TRAVAIL OBLIGATOIRE

	COMPOSITION DES ALIMENTS				moyenne journalière	
	par semaine					
	AZOTE		CARBONE		AZOTE	CARBONE
	onces	grammes	onces	grammes	grammes	grammes
Classe II. Plus de 7 jours, et pas plus de 21 jours	2.689 =	83.63	65.296 =	2 030.90	11.94	290.1
Classe III. Plus de 21 jours, et pas plus de six semaines. . .	2.903 =	90.29	65.961 =	2 051.58	12.89	293.08
Classe IV. Plus de six semaines et pas plus de 4 mois . . .	3.470 =	107.92	72.864 =	2 266.28	15.41	326.61
Classe V. Plus de 4 mois	3.624 =	112.74	77.512 =	2 410.85	16.10	344.40

HOMMES SANS TRAVAIL OBLIGATOIRE

	onces	grammes	onces	grammes	grammes	grammes
Classe I. Moins de 7 jours.	1.890 =	58.78	45.537 =	1 416.33	8.39	202.33
Classe II. Plus de 7 jours, et pas plus de 21 jours	2.562 =	79.68	64.337 =	2 001.07	11.38	285.86
Classe III. Plus de 1 jours et pas plus 4 mois	2.903 =	90.29	65.961 =	2 051.58	12.89	293.08
Classe IV. Plus de 4 mois	3.470 =	107.92	72.864 =	2 266.28	15.41	323.75

deux sortes de poids :

1° La livre ordinaire du commerce. Elle équivaut à 454^{gr}, 592 et se divise en 16 onces (l'once pèse 28 ^{gr},349).

2° La livre servant pour les métaux précieux, et pour la pharmacie (*pound troy*). Elle équivaut à 373^{gr},241 et se divise en 12 onces (l'once pèse 31^{gr},103).

Dans les calculs nécessités par la réduction des poids anglais au système décimal, j'ai donc pris, pour le poids des aliments ou des individus, *la livre du Commerce, l'once de 28^{gr},349*; — et, pour les poids des substances azotées, hydrocarbonées, etc., le *pound troy, l'once de 31^{gr},103.*

FEMMES AVEC TRAVAIL OBLIGATOIRE

COMPOSITION DES ALIMENTS

	par semaine				moyenne journalière	
	AZOTE		CARBONE		AZOTE	CARBONE
	onces	grammes	onces	grammes	grammes	grammes
Classe II, plus de 7 jours et pas plus de 21 jours	2.185 =	67.76	52.696 =	1 639.00	9.70	234.00
Classe III. Plus de 21 jours et pas plus de 6 semaines	2.735 =	85.06	61.761 =	1 920.95	12.15	274.42
Classe IV. plus de 6 semaines et pas plus de 4 mois.	2.966 =	92.25	60.264 =	1 874.39	13.17	267.77
Classe V. Plus de 4 mois.	2.962 =	92.12	62.262 =	1 936.53	13.16	276.64

FEMMES SANS TRAVAIL OBLIGATOIRE

	onces	grammes	onces	grammes	grammes	grammes
Classe I. Moins de 7 jours.	1.890 =	58.78	47.537 =	1 478.54	8.39	211.22
Classe II. Plus de 7 jours et pas plus de 21 jours	2.058 =	64.00	51.737 =	1 609.17	9 14	229.88
Classe III. Plus de 21 jours et pas plus de 4 mois.	2.735 =	85.06	61.761 =	1 920.95	12.15	272.99
Classe IV, plus de 4 mois.	2.966 =	92.25	60.264 =	1 874.39	13.17	267.77

Sous le régime alimentaire de 1864, de même que sous le régime proposé en 1878, les condamnés ne reçoivent pas, dès le début de leur incarcération, tous les aliments de la classe à laquelle ils appartiènnent par la durée de leur peine; ils font, pour ainsi dire, un stage dans la classe précédente; nous verrons plus tard la considération sur laquelle est basée cette pratique; je me borne, en ce moment, à cette simple mention destinée à faciliter l'intelligence des tableaux des régimes alimentaires; le diagramme suivant montre comment s'opère cette progression (régime de 1878).

DURÉE DE L'EMPRISONNEMENT	CLASSE I	CLASSE II	CLASSE III	CLASSE IV
7 jours et au-dessus.	toute la durée de la peine.			
Plus de 7 jours et moins d'un mois.	7 jours.	jusqu'à la fin de la peine.		
Plus d'un mois et moins de quatre.		un mois.	jusqu'à la fin de la peine.	
Plus de quatre mois.			quatre mois.	jusqu'à la fin de la peine.

Régime alimentaire de 1864

HOMMES AVEC TRAVAIL OBLIGATOIRE

COMPOSITION DES ALIMENTS

	par semaine				moyenne journalière	
	AZOTE		CARBONE		AZOTE	CARBONE
	onces	grammes	onces	grammes	grammes	grammes
Classe II. Après une semaine et jusqu'à la fin du premier mois	2.534 = 7.8815		60.660 = 1 886.70		11.26	269.52
Classe III. Après un mois et jusqu'à la fin du troisième mois .	3.458 = 107.55		70.059 = 2 179.04		15.36	311.29
Classe IV. Après trois mois, et jusqu'à la fin du sixième mois.	4.005 = 124.56		78.801 = 2 450.94		17.79	35.013
Classe V. Après six mois.	4.109 = 127.80		82.349 = 2 561.30		18.25	36.590

FEMMES AVEC TRAVAIL OBLIGATOIRE

	onces	grammes	onces	grammes	grammes	grammes
Classe II. Après une semaine et jusqu'à la fin du premier mois.	2.167 = 67.40		51.450 = 1 600.24		9.62	228.60
Classe III. Après une semaine et jusqu'à la fin du troisième mois.	3.050 = 94.86		60.683 = 1 88.742		13.55	269.63
Classe IV Après trois mois, et jusqu'à la fin du sixième mois.	3.376 = 105.00		64.396 = 2 002.90		15.00	286.12
Classe V. Après six mois.	3.530 = 109.70		69.084 = 2 148.71		15.68	306.95

HOMMES SANS TRAVAIL OBLIGATOIRE

COMPOSITION DES ALIMENTS

	Par semaine.				Moyenne journalière.	
	AZOTE		CARBONE		AZOTE	CARBONE
	onces	grammes	onces	grammes	grammes	grammes
Classe I. Une semaine, ou moins .	1.803 =	56.07	44.910 =	1396.83	8.01	199.54
Classe II. Après une semaine et jusqu'à la fin du premier mois	2.220 =	69.04	54.090 =	1682.36	9.86	240.33
Classe III. Après un mois et jusqu'à la fin du troisième mois	3.179 =	98.87	70.915 =	2205.66	14.12	315.09
Classe IV. Après 3 mois et jusqu'à la fin du sixième mois .	3.652 =	113.58	80.713 =	2510.41	16.22	358.63
Classe V. Après 6 mois	3.756 =	116.82	84.261 =	2620.76	16.68	374.39

FEMMES SANS TRAVAIL OBLIGATOIRE

Classe I. Une semaine, ou moins . .	1.449 =	45.06	36.360 =	1130.90	6.43	161.55
Classe II. Après une semaine et jusqu'à la fin du premier mois.	1.853 =	57.63	44.880 =	1395.90	8.26	199.41
Classe III. Après un mois et jusqu'à la fin du troisième mois.	2.813 =	87.49	61.012 =	1897.28	12.49	271.04
Classe IV. Après 3 mois et jusqu'à la fin du sixième mois.	3.053 =	94.86	64.862 =	2002.90	13.55	286.12
Classe V. Après six mois	3.207 =	99.62	69.550 =	2168.25	14.23	309.03

Ces tableaux montrent qu'en Angleterre le plus grand nombre des régimes, même de ceux appliqués à plusieurs classes de condamnés au travail obligatoire, ne comporte

qu'une dose de principes nutritifs inférieure à celle que fournit
en France le régime ordinaire prévu par les cahiers des charges
des maisons centrales et des prisons départementales ou d'arrondissements.

Les calculs cités plus haut, pour la prison de Rouen, ont
prouvé que la quantité d'azote variait suivant la saison, entre
13,38 et 14,22. Le Dr Hurel, dans un travail *sur le régime
alimentaire dans les maisons centrales*, a montré qu'à Gaillon
la moyenne d'azote était représentée par 13,89. A certains
jours (lundi, mercredi, samedi), la quantité d'azote atteint
15^{gr},61.

Dans le régime alimentaire de 1864 pour les prisons anglaises
(je laisse de côté celui de 1843, puisqu'on avait crû devoir y
renoncer), sur 18 régimes alimentaires destinés aux diverses
catégories d'hommes et de femmes, avec ou sans travail obligatoire, il y en a 8 qui n'atteignent pas notre chiffre minimum
de 13^{gr},38, et cependant l'enquête avait démontré que, sous
le régime de 1864, « l'état de santé des prisonniers était généralement satisfaisant, que la phtisie pulmonaire ne se rencontrait
pas fréquemment et qu'on en pouvait dire autant pour toutes
les maladies dont on peut attribuer le développement, direc-
tement ou indirectement, à un régime alimentaire insuffisant. »

**Régime alimentaire des mobiles pendant le siège
de Paris.**

Il ne me paraît pas douteux que ces résultats doivent être pris
en sérieuse considération. Mais il y a, dans le traité de chimie
appliquée à la physiologie, à la pathologie et à l'hygiène, de
M. Armand Gautier, un fait qui démontre, de la manière la plus
décisive, que le régime prescrit par nos cahiers des charges
est au moins suffisant comme ration d'entretien ; c'est l'indication très précise de l'alimentation des mobiles pendant le
siège de Paris. Les chiffres avaient été fournis par les officiers
d'administration et par ceux qui, au corps, délivraient les vivres
aux mobiles, vivaient avec eux et contrôlaient leurs achats.
En voici le tableau :

ILS RECEVRAIENT PAR JOUR	POIDS dés Aliments	CONTENANCE EN PRINCIPES ALIMENTAIRES		
		Matières protéiques sèches.	Hydrate de carbone	Graisse
	gr.	gr.	gr.	gr.
Viande fraîche (ou en conserve 100 gr.)	175	33 25		3 15
Riz (ou haricots rarement)	80	5 14	62 04	0 34
Pain de munition	250	18 75	132 70	0 75
Biscuit	250	22 49	159 20	2 09
Café délivré officiellement	30	3 30	12 50	
— acheté par les hommes	25			
Sucre délivré officiellement	20		40 00	
— acheté par les hommes	20			
Vin	125			1 25
Eau-de-vie	75			0 30
		82 93	406 44	49 83

Des nombres de ce tableau on conclut :

Rapport des substances azotées aux hydrates de carbone et aux graisses :

$$:: 1 : 4,9 : 0,6.$$

Quantité d'azote fournie en 24 heures . . . . . 12 gr. 5.

— de carbone $\begin{cases} \text{matières protéiques.} & 44\,\text{gr.} \\ \text{Hydrate de carbone.} & 181\,\text{gr.} \\ \text{Graisse.} & 38\,\text{gr.} \end{cases}$ 263 (1).

Il est vrai « que ces jeunes gens, dit M. Armand Gautier, tout en conservant leur santé, avaient plutôt tendance à s'amaigrir qu'à se conserver en bon état, que les moins robustes souffraient de cette alimentation devenue insuffisante pour eux, *vu le travail et le froid*, que tous avaient la sensation continuelle de l'appétit ».

Mais aussi quelle immense différence entre la vie calme, tranquille, dénuée de soucis, des détenus, et la situation de ces jeunes gens, brusquement enlevés à leur famille, en proie aux plus cruelles angoisses patriotiques et familiales, harassés de fatigues, passant une partie des jours et des nuits dans la neige, et sans cesse exposés au danger de mourir de froid ou d'un éclat d'obus !

Ne suis-je pas autorisé à penser que le savant chimiste, qui

(1) Op. cit. t. I, p. 93.

vient de succéder à Wurtz à la Faculté de Médecine, accepterait avec moi que ce n'était pas la ration d'entretien qu'il leur aurait fallu, mais tout au moins la ration ordinaire de l'armée, sinon une ration exceptionnelle de travail. Les dures nécessités du siège ne le permettaient malheureusement pas. Mais n'est-il pas de la dernière évidence que lorsqu'on voit une ration alimentaire contenant seulement 12 gr., 5 d'azote et 263 grammes de carbone entretenir, d'une manière à peu près satisfaisante, pendant un hiver rigoureux, la santé et les forces de jeunes gens de 18 à 25 ans, dont quelques-uns n'avaient certainement pas encore achevé leur croissance, il est permis de conclure qu'une ration alimentaire contenant 13 gr.,38 d'azote et 314 gr.,66 de carbone est plus que suffisante pour la ration d'entretien de détenus inoccupés ?

Conclusion.

Il m'est donc permis, en empruntant les chiffres de savants aussi éminents que MM. Payen, de Gasparin, Edward Smith et Armand Gautier, chiffres corroborés par l'expérience, de formuler la conclusion suivante :

La RATION D'ENTRETIEN, *c'est-à-dire la quantité d'aliments* NÉCESSAIRE *pour entretenir la santé et les forces des détenus inoccupés, ou employés à de légers travaux, sera* SUFFISANTE *si elle contient un ensemble de substances alimentaires convenablement choisies, qui renferme une moyenne de 11 à 12^{gr},5 d'azote et 230 à 270 grammes de carbone.*

Or, j'ai démontré que, dans les prisons françaises, l'alimentation réglementaire dépasse ces quantités, plutôt qu'elle ne reste au-dessous d'elles ; elle doit donc être considérée comme répondant complètement aux exigences de la ration d'entretien, et il n'y a pas lieu, par conséquent, d'augmenter l'alimentation des détenus qui ne travaillent pas.

III

Vivres supplémentaires ou ration de travail.

Réglementation en vigueur; cantine facultative. — Inconvénients de la pratique actuelle. Améliorations proposées; cantine obligatoire. — Eléments d'évaluation de la ration de travail. — Données physiologiques. — Analyse de divers régimes alimentaires. — Effets de l'habitude; besoins factices. — Régimes alimentaires dés armées. — Données expérimentales. Emploi du dynamomètre. Emploi des pesées. Résultats des pesées dans les prisons d'Angleterre et d'Ecosse. — Statistiques de morbidité. — Détermination de la ration de travail. — Rapport entre les vivres de cantine et la ration de travail. — Réglementation nouvelle à introduire dans le service de la cantine.

Réglementation en vigueur ; cantine facultative.

Tous les physiologistes admettent, et, d'ailleurs, personne n'ignore qu'il faut à l'homme employé à un travail fatigant une nourriture plus abondante qu'à celui qui ne fait aucune dépense de force. Le supplément de nourriture nécessaire dans ce cas est désigné sous le nom de *ration de travail*.

Le régime réglementaire correspondant, à peu près, comme je l'ai montré, à la ration d'entretien, il s'ensuivrait une insuffisance d'alimentation pour les détenus occupés à des travaux occasionnant de la fatigue, si aucun supplément ne leur était délivré. Mais l'article 32 du cahier des charges dit :

« Indépendamment de la ration de vivres ordinaire, l'entrepreneur fournira chaque jour à ceux des *prévenus* et *accusés qui le demanderont, à leurs frais :*

» 500 grammes de pain de toute qualité ;

» Deux portions ou plats, soit de viande, soit de poisson, légumes, œufs, beurre, fromage, lait ou fruits;

» Un demi-litre de vin (1), ou un litre de bière ou de cidre ;

» Et du savon.

---

(1) Le nouveau règlement, récemment élaboré par une Commission spéciale, porte la quantité à 75 centilitres.

» Il fournira également aux *condamnés, et à leurs frais*, les objets de cantine déterminés par les règlements (1), dont le prix ne pourra pas dépasser 20 centimes pour les portions de viande, et 15 centimes pour les autres aliments.

» Ces objets seront payés au taux fixé par un tarif arrêté trimestriellement par le préfet ou le sous-préfet, sur la proposition de l'entrepreneur et l'avis du directeur des prisons. »

Le tableau de la page suivante montre quels aliments on peut se procurer à la cantine de la maison d'arrêt, de justice et de correction de Rouen.

Inconvénients de la pratique actuelle.

J'aurai à examiner si ces aliments fournis par la cantine peuvent répondre à la ration du travail; — je ferai simplement remarquer ici que la cantine est *facultative* pour le détenu, et qu'elle peut être *supprimée* par mesure disciplinaire (2); d'où il résulte que, dans certains cas, soit par son propre fait, soit par celui de l'administration, le détenu qui travaille ne reçoit pas une part de nourriture proportionnée aux besoins de l'organisme; il n'a donc pas tout le nécessaire, ainsi que le prescrivent et les lois de l'humanité et le Code et les instructions ministérielles.

---

(1) Le nouveau règlement porte que : « Les condamnés ne peuvent acheter que 500 grammes de pain de ration, une portion de légumes, œufs, lait, beurre ou fromage, et trois fois par semaine, une ration de ragoût ou de fruits, suivant la saison. » Le lait et les œufs ne figuraient pas dans le projet soumis à la Commission ; ils y ont été ajoutés sur la demande de M. Herbette, qui a fait justement observer que « l'œuf est un précieux aliment, facile à procurer et d'un usage général ; que le lait peut être indispensable à nombre d'individus dont l'estomac est affaibli par le régime de détention ».

(2) *Art.* 52 (nouveau règlement). — Les infractions au règlement seront punies, selon les cas, des peines disciplinaires ci-après spécifiées:

La réprimande;

La privation de cantine, et, s'il y a lieu, de l'usage du vin;

La suppression des vivres autres que le pain pendant trois jours consécutifs au plus, la ration de pain pouvant être augmentée, s'il y a lieu, etc.

MAISON D'ARRÊT, DE JUSTICE ET DE CORRECTION DE ROUEN

Tarif de cantine (1).

	DÉSIGNATION DES OBJÉTS	QUANTITÉ	PRIX	OBSERVATIONS
			fr. c.	
CONDAMNÉS	Pain.	750 gr.	0 15	(a) *Composition de ragoût de bœuf.*
	Lait pur.	1/2 lit.	0 12	
	Fromage de Neufchâtel.	Un	0 18	100 gr. viande cuite.
	Beurre 1/2 sel.	50 gr.	0 19	300 gr. pommes de terre épluchées ou
	Cervelas.	60 gr.	0 18	150 gr. haricots.
	Hattignolles.	3	0 18	Oignons, sel et poivre nécessaires.
	Ragoût de bœuf (a).	Ration	0 24	
	Harengs saurs ou marinés.	Un	0 12	(b) *Salades de pommes de terre.*
	Salade { pommes de terre (b).	Ration	0 12	
	Salade { haricots (c).	id.	0 12	300 gr. pommes de terre épluchées.
	Salade { verte (d).	id.	0 12	10 gr. huile.
	Confitures.	125 gr.	0 10	20 gr. vinaigre.
	Réglisse.	45 gr.	0 10	Oignons, sel et poivre nécessaires.
	Sel.	300 gr.	0 10	
	Fruits suivant la saison (e).	Ration	0 12	(c) *Salade de haricots.*
	Cidre (2).	1/2 lit.	0 15	175 gr. haricots cuits.
	Boisson.	—	0 10	10 gr. huile.
	Café.	0 gr. 25	0 02	20 gr. vinaigre.
	Viande de cheval { Cervelas	70 gr.	0 15	Oignons, sel et poivre nécessaires.
	Viande de cheval { Saucisson.	65 —	0 15	(d) *Salade verte.*
	Viande de cheval { Hure.	75 —	0 15	125 gr. laitue ou autre.
	Viande de cheval { Saucisse allemande.	70 —	0 15	10 gr. huile.
PRÉVENUS	Bouillon et bœuf (f).	Portion	0 60	20 gr. vinaigre. Oignons, sel et poivre nécessaires.
	Boisson.	1/2 lit.	0 10	
	Cidre.	—	0 15	(e) La ration sera plus ou moins augmentée suivant la récolte.
	Vin rouge.	—	0 50	
	Bœuf grillé.	150 gr.	0 50	
	Cotelettes.	Une	0 50	(f) *Bouillon et bœuf.*
	Sucre.	100 gr.	0 16	50 centilitres de bouillon.
	Œufs.	Un	0 12	300 gr. viande crue.

(1) Dans le nouveau règlement, sur l'observation de M. Herbette, directeur général de l'administration pénitentiaire, que « le mot *cantine* semble éveiller l'idée, le souvenir du cabaret », la Commission a substitué à cette expression celle de « Vivres supplémentaires ».

(2) L'article 57 du nouveau règlement est ainsi conçu: « L'usage du vin, du cidre, de la bière et généralement de toute autre boisson spiritueuse ou fermentée est expressément interdite aux condamnés valides. Toutefois, ils pourront, sur le produit de leur travail, et en récompense de leur bonne conduite, être autorisés à se procurer une ration de vin qui ne pourra jamais dépasser 30 centilitres par jour, une ration de bière ou de cidre de 50 centilitres au plus. Néanmoins le Ministre pourra, pour raison d'hygiène, et notamment dans les prisons de la Seine, autoriser l'usage du vin aux frais du condamné, et en dehors du produit de son travail, dans une proportion qui ne pourra excéder 60 centilitres. L'usage de l'eau-de-vie et des liqueurs spiritueuses est interdite aux prévenus et aux accusés comme aux condamnés.

Les résultats de cette insuffisance alimentaire, il est vrai, ne se font guère sentir, puisque, nous l'avons déjà vu, en plus de vingt années, je ne les ai jamais observés; — mais la prison départementale de Rouen ne reçoit que des condamnés à de courtes peines (le maximum est de un an); et, pour beaucoup, l'emprisonnement n'est que de quelques jours; en outre, le plus grand nombre des détenus usent de la cantine; d'après un relevé fait en septembre 1884, 80 0/0, dans le quartier des hommes condamnés; 59 0/0 dans celui des femmes, y participaient; il n'est donc pas étonnant que, dans cette prison, on ne puisse constater les effets d'une alimentation insuffisante; mais ces effets ont pu être quelquefois remarqués dans les maisons centrales. M. Lacassagne, ancien directeur des prisons de la Seine-Inférieure, qui avait fait antérieurement un séjour assez prolongé, comme inspecteur, à la maison centrale de Gaillon, m'a dit y avoir plusieurs fois observé que ceux des détenus qui, par économie et afin d'avoir un plus gros pécule à leur sortie, s'imposaient volontairement la privation de la cantine, présentaient à la fin de leur séjour un dépérissement marqué.

Améliorations proposées ; la cantine obligatoire.

Il me semble que dans de semblables circonstances, il devrait appartenir à l'administration d'intervenir; il faudrait donc que le supplément devînt *obligatoire* pour tous ceux qui font un travail quelque peu pénible, et *non plus facultatif* et *aléatoire*, comme la cantine actuellement en usage.

On ne manquera pas d'objecter que la mise en pratique d'une semblable mesure entraînerait de grandes difficultés administratives. Où prendrait-on les fonds nécessaires pour subvenir à ce supplément? Qui en ferait les frais? Le trésor public, l'entreprise, ou le détenu?

La solution de cette question me semble facile.

Je ferai observer d'abord que, dans la vie libre, l'ouvrier honnête qui, pour se mettre en mesure d'exécuter un travail pénible, dont il tirera bénéfice, prend une nourriture plus substantielle, subit les conséquences de l'accroissement de charges qui en résulte.

Le produit du travail du condamné étant partagé entre le détenu et l'entreprise, dans des proportions qui varient suivant les circonstances (1); n'est-il pas logique de faire participer dans des rapports proportionnels, ceux auxquels ce travail profite, à une dépense de nourriture qu'il est de leur intérêt commun de faire?

Mais il y a plus, l'Administration est parfaitement armée pour adopter et faire exécuter cette mesure; *L'ordonnance royale du 27 décembre 1843 sur la répartition du produit du travail des condamnés dans les maisons centrales de force et de correction,* dit formellement :

« ART. 5. — Le pécule des condamnés sera divisé en deux parties égales : *l'une sera* EMPLOYÉE A LEUR PROFIT, *pendant leur captivité,* PAR LES SOINS DE L'ADMINISTRATION; l'autre sera mise en réserve pour l'époque de leur sortie. »

— Dans une *circulaire* du 17 février 1844 sur les *améliorations que pourrait exiger le régime alimentaire des maisons centrales, par suite de l'ordonnance du 27 décembre 1843,* le Ministre de l'Intérieur, M. Duchâtel, dit :

« En définitive, ma pensée est celle-ci : C'est que *le régime alimentaire des condamnés doit être tel qu'il puisse permettre de supprimer entièrement la cantine,* le jour où l'administration jugera nécessaire d'effacer cette dernière inégalité du régime des prisons pour peine. »

---

(1) L'ordonnance du 27 décembre 1843 fixe de la manière suivante la portion accordée, sur le produit de leur travail, aux détenus des maisons centrales de force et de correction :

3/10 pour les condamnés aux travaux forcés.

4/10 pour les condamnés à la réclusion.

5/10 pour les condamnés à l'emprisonnement de plus d'un an.

Les détenus qui auront subi une première condamnation profiteront seulement, savoir :

Les condamnés aux travaux forcés, s'ils ont été condamnés précédemment à la même peine, du 1/10 du produit de leur travail, et de 2/10 si la première peine était la réclusion ou l'emprisonnement à plus d'un an.

Les condamnés à la réclusion, s'ils ont été précédemment condamnés aux travaux forcés, de 2/10, et de 3/10; si la première peine était la réclusion ou l'emprisonnement à plus d'un an.

Les condamnés à l'emprisonnement de plus d'un an, s'ils ont été précédemment condamnés aux travaux forcés ou à la réclusion, de 3/10, et de 4/10; si la première peine était l'emprisonnement de plus d'un an.

La portion du produit du travail attribuée conformément à l'article qui précède, sera diminuée de 1/10 pour chaque condamnation qui aura suivi la première. Dans aucun cas, cette portion ne pourra être inférieure au dixième du produit du travail.

Dans les prisons départementales et d'arrondissement, 5/10 sont accordés aux condamnés, et 7/10 aux prévenus.

Dans une *instruction* du 28 mars 1844 *sur* la *répartition des Produits du travail des condamnés*, le même Ministre écrit : « Cet article *(art. 5)* dispose que le pécule des condamnés sera divisé en deux parties égales. L'une sera employée à leur profit, pendant leur captivité, par les soins de l'administration; l'autre sera mise en réserve pour l'époque de leur sortie. C'est la consécration de règles depuis longtemps établies. »

Le même article porte encore que « les objets auxquels pourra être employée la portion du pécule dont il peut être disposé dans la prison seront déterminés par le Ministre de l'Intérieur. L'arrêté du 10 mai 1839 a devancé cette mesure; mais j'ai jugé indispensable de profiter de l'occasion qui se présentait de régler, d'après quelques nouvelles bases, l'emploi de cette portion du pécule. Vous remarquerez, d'ailleurs, que l'ORDONNANCE *ne permet point aux détenus d'en disposer à leur gré et* QU'ELLE INVESTIT L'ADMINISTRATION SEULE DU DROIT D'EN DÉTERMINER L'EMPLOI A LEUR PROFIT. »

Il est donc établi que, dès 1843, le Gouvernement se préoccupait de la *suppression de la cantine, à la condition que le régime alimentaire des condamnés fût suffisant* ; et que l'ordonnance du 27 décembre 1843 *arme l'administration du droit formel d'employer une part du pécule des détenus* à leur profit, et, par conséquent, *à rendre leur régime alimentaire suffisant*.

Les règlements et la logique sont ainsi d'accord pour indiquer une solution. Je ne sache pas que l'ordonnance du 27 décembre 1843 ait été abrogée ou rapportée, et si l'usage de la cantine facultative s'est continué jusqu'à notre époque, il ne dépend que de l'administration de la supprimer, pour la remplacer par un supplément obligatoire, sans qu'il soit besoin de nouvelles dispositions législatives.

Éléments d'évaluation de la ration de travail.

Quelle devra être la ration de travail ?

Les tâches imposées aux condamnés étant essentiellement variables suivant les industries auxquelles on les occupe (et je n'ai pas besoin de faire remarquer qu'il en est de même des appétits) il est évident qu'il faudra s'arrêter à une moyenne; moyenne peut-être un peu plus élevée qu'il ne serait nécessaire pour un certain nombre d'entre eux; mais procéder autrement serait créer des difficultés administratives presque inextricables relatives aux calculs des rations multipliées à l'infini.

Pour déterminer la ration moyenne de travail la plus convenable, j'aurai recours, comme je l'ai fait pour la ration d'entretien, au contrôle réciproque de la science et de l'expérience; plus que jamais ce contrôle réciproque est nécessaire, car on se trouve, sur ce terrain, en présence de divergences considérables.

Données physiologiques.

S'appuyant sur des considérations et des expérimentations très savantes, M. Armand Gautier réclame : 28 gr. 74 d'azote et 450 grammes de carbone :

	ALIMENTS FRAIS			CONTENANT	
	PAIN	VIANDE	GRAISSE	CARBONE	AZOTE
	grammes	grammes	grammes	grammes	grammes
» Ration ordinaire	829	239	60	280	20,00
» Ration de travail.	361	175	33	170	8,74
» Ration totale d'un bon ouvrier .	1190	414	93	450	28,74

» Tels sont les chiffres auxquels on arrive par le calcul (1) .»

Je suis bien convaincu que M. A. Gautier ne réclamerait pas cette ration pour des prisonniers, dont la tâche est, en général, assez douce, car il prend soin, en divers endroits de son traité si intéressant et si plein de faits, d'indiquer la différence capitale qui existe entre la vie au grand air et la vie confinée.

« Il résulte, dit-il (2), des statistiques relevées par Payen (3) que dans les couvents, les *prisons*, chez ceux qui se livrent à une vie sédentaire, sans pouvoir augmenter la quantité de leurs aliments, la santé se maintient parfaitement bonne, et souvent florissante et exempte d'une foule de désordres gastriques et inflammatoires, à la condition que l'on fournisse à l'organisme 0gr 2 d'azote et 4gr 202 de carbone par kilogramme et par jour, soit pour un poids de 63 kilog., 12gr 6 d'azote et 265 grammes de carbone. Des chiffres presque identiques sont donnés

---

(1) *Op. cit.*, t. I, p. 94.
(2) *Ibid.* p. 91.
(3) *Traité des substances alimentaires.*

par E. Smith pour les couturières et les tisserands anglais qui font peu d'exercice musculaire (11 grammes d'azote et 267 grammes de carbone).

» Durant le siège de Paris, en 1870-1871, les quantités moyennes d'azote et de carbone ingérées ont été certainement très inférieures aux chiffres précédents, et la santé générale de la partie saine et adulte de la population s'est maintenue excellente. L'expérience a prouvé que si l'on augmentait alors l'alimentation de façon à atteindre les chiffres habituels avant le siège, cet excès d'aliment entraînait des désordres gastriques et des embarras divers. »

De Gasparin accorde pour :

	AZOTE	CARBONE
	grammes	grammes
La ration d'entretien	12,51	264
— de travail	12,50	45
Donc, en état de travail	25,01	309

Letheby exige :

	AZOTE	CARBONE
Dans l'état de désœuvrement	12,10	249,7
— de travail ordinaire	20,70	373 »
— de travail intense	25,90	378,2

Voit et d'autres auteurs allemands réclament une dose moins élevée d'azote. « Les savants les plus renommés, écrit le D\u02b3 Meinert, notamment le professeur C. von Voit, de Munich, qui est pour la science de l'alimentation ce qu'a été Justus von Liebig pour la chimie, ont établi par de nombreuses expériences qu'un homme de taille moyenne, travaillant avec mesure, doit consommer journellement, pour l'entretien du corps, 2,818 grammes d'eau; 118 grammes d'albumine (= 18,15 d'azote) (dont 100 assimilables), 56 grammes de graisse, 500 grammes d'hydrate de carbone, 32 grammes de sel, plus 744 grammes d'oxygène pour la respiration (1). »

Nous avons vu, à propos de la ration d'entretien, que le professeur von Voit réclamait pour l'homme en repos 85 grammes d'albumine (soit 13 $^{gr.}$ 07 d'azote), 30 grammes de graisse, et 300 grammes d'hydrocarbonés. Il établit donc

---

(1) D\u02b3 Meinert, *Étude de la question alimentaire.* — Traduit de l'allemand par Timmerhans. Paris, Le Soudier. 1883.

entre la ration de travail et la ration d'entretien une différence de 33 grammes d'albumine (soit 5ᵍʳ 08 d'azote), de 26 grammes de graisse, et de 200 grammes d'hydrocarbonés. Mais, dans d'autres recherches, le même auteur ne serait pas arrivé aux mêmes résultats, puisque, dans le cas suivant, la quantité d'albumine ne varie aucunement, dans l'alimentation, de l'état de repos à l'état de travail ; la différence ne porte que sur le carbone contenu dans la graisse.

« Voit et Pettenkofer, observant un ouvrier robuste, ont constaté qu'il consommait :

	ALBUMINE	GRAISSE	HYDROCARBONÉS	CARBONE
	grammes	grammes	grammes	grammes
Au repos	137	72	352	282
En travail	137	173	352	356 »(1)

« Dans une autre série de recherches, écrit M. A. Gautier (2), Pettenkofer et Voit ont montré par leurs expériences, tout en concluant en sens inverse, que c'était à la combustion de corps riches en carbone et dénués d'azote qu'était due la chaleur transformée en travail musculaire. »

Si j'ai fait ces citations, ce n'est pas pour relever les différences qui se rencontrent entre les opinions des divers auteurs, mais pour montrer que, s'ils diffèrent relativement à la nécessité d'augmenter la quantité de principes azotés, tous sont d'accord pour élever la proportion du carbone dans la ration de travail. C'est l'idée que M. le professeur Bouchard a exprimée sous cette autre formule si saisissante dans sa concision : « Je ne veux pas qu'on fasse du travail musculaire avec de la viande; le travail musculaire doit se faire avec du pain et de la graisse. Je veux que cette richesse soit économisée et qu'on ne crée pas aux classes nécessiteuses des besoins factices et coûteux (3). »

C'est encore cette même idée que nous trouvons indiquée dans divers passages d'un discours fort intéressant prononcé par M. le professeur Panum, de Copenhague, au Congrès médical international de cette ville, le 16 août 1884: « Tout le monde reconnaîtra que l'équilibre nutritif ne peut être obtenu chez

---

(1) Arnould. *Nouv. éléments d'hygiène*, p. 713.
(2) *Loc. cit.* t. I, p. 570.
(3) Ch. Bouchard, *Maladies par ralentissement de la nutrition.*

l'homme, d'une manière convenable, qu'à la condition que les rations alimentaires contiennent un certain mélange de matières albuminoïdes, de graisse et de substances hydrocarbonées.

» Le minimum de matières albuminoïdes suffisant pour fournir la quantité d'azote qui est excrétée dans l'urine et les excréments avec celle qui est perdue par la préparation ne peut pas suffire pour contrebalancer la perte du carbone par la respiration. Une augmentation de la quantité des matières albuminoïdes dans les rations alimentaires au-dessus du minimum dont nous avons parlé doit être nécessaire pendant la croissance des jeunes individus, pendant le développement du système musculaire par des exercices extraordinaires, aussi bien qu'après une abstinence prolongée, ou pendant la convalescence, après une maladie qui a consommé une partie considérable des tissus, ou pendant la lactation ou en cas d'autres pertes extraordinaires de matières albuminoïdes causées par une maladie. *On sait cependant que la quantité d'azote excrétée avec l'urine est presque la même les jours de repos et les jours de travail, pourvu que la quantité et le mélange des aliments n'aient pas varié.*

» Il est évident que la perte de carbone par la respiration, etc., ne peut pas être contrebalancée complètement par une augmentation de la quantité des matières albuminoïdes dans les rations alimentaires : car il serait impossible de digérer une quantité suffisante de ces matières, et l'essai en serait en même temps coûteux et répugnant.

» Les expériences physiologiques ont démontré que la quantité d'acide carbonique exhalée par la respiration augmente toujours avec le volume d'air qui (surtout pendant le travail) passe par les poumons. *Un travail extraordinaire exige une proportion plus forte de graisse dans la nourriture...* Tout le monde sera cependant d'accord qu'il ne serait pas sage de se servir exclusivement de graisse pour satisfaire au besoin d'une quantité suffisante de carbone, outre celle qui est contenue dans les matières albuminoïdes consommées. Une telle quantité de graisse serait difficile à digérer en même temps qu'elle serait répugnante et coûteuse... Les substances hydrocarbonées, qui peuvent fournir une grande partie du carbone excrété par la respiration, ont l'avantage qu'on peut les avoir à meilleur marché que la graisse, et qu'elles peuvent être digérées en quantité beaucoup plus grande que la graisse et les matières albuminoïdes. »

Analyse de divers régimes alimentaires.

Dans les nombreuses analyses de régimes de travailleurs faites et relevées par les auteurs (Morache, Payen et de Gasparin, E. Smith, Playfair, etc.), on observe des écarts considérables. Ainsi, à côté des rations relativement peu riches en azote comme celles :

	AZOTE	CARBONE
Des couturières de Londres contenant par jour . . .	8,50	204
— tisseurs de soie (Coventry)	9,85	241
— — (Londres)	10,30	431
— fileurs de coton (Lancashire)	11,43	260
— cordonniers (Coventry)	11.85	277
— agriculteurs (Angleterre)	14.44	363
De la marine anglaise	16,00	302
De l'armée prussienne en paix.	16,40	310
De l'armée danoise en campagne	18,00	380

On en voit qui présentent des chiffres extrêmement élevés de substances azotées :

	AZOTE	CARBONE
Ouvrier de Lombardie	27,60	604,60
— anglais, employé au chemin de fer de Rouen	31,90	484,10
Marchand de grains des laveries d'or de l'Oural	32,00	570,00
Forgeron des usines de Danemora (Suède) .	33,00	510,00
Mineur des montagnes métallifères de l'Auvergne	37,00	789,00
Boxeurs.	43,00	273,00
Pasteur demi-nomade du versant asiatique de l'Oural	52,00	620,00

D'où peuvent provenir de semblables différences? Ces chiffres élevés répondent-ils à des besoins réels?

Effets de l'habitude. Besoins factices.

Il ne me paraît pas douteux que l'habitude soit la principale, sinon l'unique raison de cette élévation, qui ne répond, dès lors, qu'à des besoins factices. — L'habitude grève l'alimentation d'un véritable excès de principes alimentaires; l'homme civilisé mange trop, dit M. A. Gautier. Je suis entièrement de son avis; et sans vouloir conseiller le régime sévère de Cornaro, je pense qu'il n'est pas sans intérêt de le faire connaître, ne fut-ce que pour montrer avec quelle faible quantité d'aliments l'homme peut se suffire. Louis Cornaro qui, ayant écrit un traité de la longévité, eut la bonne fortune de pouvoir démontrer l'excellence de sa méthode, en prêchant d'exemple et devenant centenaire, avait altéré sa santé par des désordres de jeunesse. A 40 ans il se soumit à un régime très sévère; il avait réduit sa nourriture à 12 onces d'aliments solides et 14 onces de vin par jour; et cependant, écrit-il, tous ceux qui me connaissent certifieront que la vie que je mène n'est pas une vie morne et languissante, mais une vie aussi heureuse qu'on puisse la souhaiter en ce monde. Ils diront que ma vigueur est encore assez grande, à 83 ans (1), pour monter seul à cheval, sans aide; que non seulement je descends hardiment un escalier, mais encore une montagne, tout entière de mon pied... Je me promène dans mes jardins, le long de mes canaux et de mes espaliers, où je trouve toujours quelque petite chose à faire qui m'occupe et me divertit. Je prends quelquefois le divertissement de la chasse, mais d'une chasse qui convient à mon âge, comme celle du chien couchant et du basset. Je vais quelquefois rendre visite à mes amis dans les villes voisines. Je visite les édifices publics, les palais, les jardins, les antiquités, les places, les églises, les fortifications, n'oubliant aucun endroit où je puisse contenter ma curiosité ou acquérir quelque nouvelle connaissance. »

Ainsi que le fait très judicieusement observer M. Dujardin-Beaumetz, l'exagération du régime alimentaire entraîne fatalement une autre conséquence, l'exagération de l'usage des boissons fermentées. « Lorsqu'on mange beaucoup de viande, il faut boire du vin en certaine quantité. Vous savez, en effet, que les boissons alcooliques augmentent l'acidité du suc gastrique; ainsi, logiquement et par enchaînement physiologique de la digestion, les gros mangeurs sont fatalement de grands buveurs.

---

(1) Ses quatre « *Discorsi della vità sobria* » ont été écrits à 83, 86, 91 et 95 ans.

» Au contraire, les individus qui prennent une alimentation non azotée et peu abondante peuvent sans inconvénient supprimer l'usage des alcools. Et ceci, messieurs, donne raison à la secte de tempérance américaine dite des *légumistes*, qui, en supprimant de son alimentation les boissons alcooliques, en a aussi supprimé les viandes (1). »

Ces détails, s'ils ne nous donnent pas encore la solution cherchée, c'est-à-dire la quantité d'aliments qui doit former la ration de travail des prisonniers, ont, du moins, l'avantage de mettre en lumière certains points qui ne sont pas sans importance. Ils démontrent que l'habitude crée, en fait d'alimentation, des besoins factices ; que l'homme, même en état de travail, n'a pas besoin d'une nourriture aussi forte que ses habitudes acquises le font généralement supposer ; que dans la ration du travail, ce n'est pas tant la proportion des albuminoïdes qui a besoin d'être augmentée que celle des substances ternaires, graisses et hydrocarbonés.

Régime alimentaire des armées.

D'où cette conclusion que, pour la solution que je cherche, il faut certainement éliminer les régimes semblables à ceux de la seconde série indiquée ci-dessus, qui renferment des quantités trop considérables de principes azotés ; tandis que, dans ceux de la première série, nous rencontrons les régimes des armées et de la marine, sur lesquels l'attention doit se porter d'une manière toute particulière. Ne semblera-t-il pas évident à tout le monde qu'un régime alimentaire convenable pour des soldats et des marins devra être au moins suffisant pour la majeure partie des prisonniers ? Même, en temps de paix, les fatigues que supportent les soldats ne sont-elles pas au moins équivalentes aux travaux les plus habituellement imposés aux détenus ?

Voici d'après Playfair et Morache, cités par Arnould *(Nouveaux éléments d'hygiène)* diverses analyses de régimes alimentaires de la marine et des armées :

---

(1) Dujardin-Beaumetz, *Leçons de clinique thérapeutique*. Paris, Octave Doin, 1883, t. I, page 374.

	AZOTE	CARBONE
	grammes	grammes
Marine anglaise.	16	302
Armée prussienne en paix.	16,40	310
Armée danoise en campagne.	18	380
Armée russe en campagne	21	450
Armée austro-hongroise	22	305
Armée anglaise en paix	22	340

Le soldat français reçoit :

	A L'INTÉRIEUR ET EN PAIX			EN GUERRE		
	POIDS	AZOTE	CARBONE	POIDS	AZOTE	CARBONE
	grammes	grammes	grammes	grammes	grammes	grammes
Pain.	1000	12,00	300,00	1000	12,00	300,00
ou Biscuit . . .	—	—	—	750		
Viande fraîche .	300	7,20	26,20	300	7,20	26,20
Légumes frais .	100	0,31	5,50	—	—	—
Légumes secs .	30	1,30	14,30	60	2,60	28,60
Café.	—	—	—	16	0,20	2,00
Sucre	—	—	—	21	—	9,00
		20,81	346,00		22,00	365,00

Sauf le sucre et le café (1), il n'y a pas d'augmentation sérieuse pour le temps de guerre, qui est celui du « travail intense » du soldat. Voit propose comme ration de guerre :

	ALBUMINE		GRAISSE	HYDROCARBONÉS
	grammes	grammes	grammes	grammes
Pain.	750	62	—	331
Viande.	500	72	33	—
Graisse. . . .	67	—	67	—
Légumes, riz, etc .	150	11	—	116
		145 (22,30 azote)	100	447

« C'est à peu près ce que l'empereur Guillaume accorda à ses troupes, dès qu'elles eurent envahi la France en 1870. On

---

(1) Quelquefois remplacés par 25 centilitres de vin ou 6 centilitres 1/4 d'eau-de-vie.

était d'autant mieux disposé à entrer dans la voie d'une hygiène généreuse que c'était le vaincu qui payait. En Allemagne, cette riche ration s'appelle l'*Eiserne Portion* (1). »

Ainsi donc, les soldats prussiens, en paix, reçoivent des rations qui ne comportent pas plus de 16^{gr},40 d'azote et 310 grammes de carbone; ils sont assurément soumis à des exercices fatigants, et l'expérience, une expérience trop cruelle pour qu'il nous soit permis de l'oublier, ne nous a que trop bien démontré l'état florissant de leur santé. Il y a là, ce me semble, des chiffres à retenir comme base d'appréciation.

Données expérimentales.

Mais avant d'en tirer des conclusions, il me reste à examiner quelques documents et renseignements plus spéciaux aux populations des prisons.

Divers moyens ont été conseillés ou mis en usage pour s'assurer, au moins approximativement, des effets de l'alimentation sur la santé de groupes d'individus tels que les prisonniers : — l'évaluation des forces, au moyen du dynamomètre; — la comparaison des pesées; — les statistiques comparées, sous divers régimes, du nombre des malades, des décès, des journées de travail perdues.

Emploi du dynamomètre.

L'emploi du dynamomètre doit être plus utile pour les soldats, qui sont tous soumis aux mêmes exercices, que pour des détenus employés à toutes sortes de travaux. On sait, en effet, quelles différences dans la force musculaire des membres résultent, sans qu'il y ait des modifications dans la santé générale, du genre d'occupations auxquelles on se livre. Celui qui fait de longues marches, sans se servir des bras, le facteur rural, par exemple, développe la puissance musculaire des membres inférieurs, pendant que les membres supérieurs deviennent impropres à un ouvrage tant soit peu pénible; ceux qui exercent, au contraire, leurs membres supérieurs, comme les boulangers, les casseurs de bois, etc., y développent la force et perdent l'ap-

____

(1) Arnould, *loc. cit.*, p. 724.

titude à la marche. Qu'on soumette le premier, pendant une incarcération assez longue, à un travail exerçant les muscles des bras, le dynamomètre accusera, à sa sortie, une augmentation notable des forces, alors même que la santé générale ne se serait nullement améliorée ; tandis que chez les seconds, si on les assujettit à des occupations qui laissent les bras inactifs, le dynamomètre constatera une déperdition de forces, dans le cas même où il y aurait eu amélioration de la santé.

Emploi des pesées.

La méthode des pesées n'est pas, non plus, à l'abri de toutes critiques. Ne voit-on pas, assez fréquemment, une amélioration marquée de l'état de santé coïncider avec une diminution notable de l'embonpoint et par conséquent avec une perte de poids (1)? D'autres fois, ce sont les phénomènes inverses qui se produisent : propension marquée à l'engraissement en même temps qu'apparition de désordres de la santé.

En outre, chez le prisonnier qui subit une première condamnation, lorsque tout sens moral n'est pas oblitéré chez lui, que de causes, autres que l'alimentation, sont susceptibles de lui-

---

(1) Il m'a paru intéressant, à ce sujet, d'indiquer les résultats observés par les Dr Chassagne et Dally, en 5 mois d'exercices : 1° chez 440 recrues du 35° régiment d'artillerie, soumis à la vie régimentaire ordinaire ; 2° chez 401 élèves de l'École de gymnastique de Joinville-le-Pont, ayant été l'objet d'un entraînement rationnel des plus énergiques.

a. Les recrues qui, à l'arrivée, présentaient un périmètre thoracique moyen supérieur seulement de 5 centimètres à la demi-taille, avaient atteint un excédant de 12 centimètres : soit un gain de 7 centimètres.

La circonférence thoracique avait augmenté moyennement de 2^{cm},27 chez 60 0/0 ; la circonférence des bras, de 1^{cm} chez 75 0/0 ; — *le poids avait diminué de 2^k,566 chez 22 0/0.*

b. Les élèves de l'École de gymnastique ont gagné :

Périmètre thoracique.	2^{cm},51	76 0/0
— du bras.	1^{cm},28	82 —
— de l'avant-bras.	0^{cm},57	62 —
— de la cuisse.	1^{cm},38	64 —
— de la jambe.	0^{cm},82	56 —
Force de soulèvement (dynamique générale).	28^k	86 —
Flexion des deux mains	9^k,75	81 —
Force de port des fardeaux.	11^k,52	66 —
— de trait.	9^k,81	65 —
Le poids a diminué de.	1^k,359	63,6 0/0

faire perdre de son poids, la honte, le remords, la privation des
affections de famille, la perte de la liberté, etc. !

Le régime alimentaire ne saurait donc toujours être considéré
comme facteur unique de cette déperdition. — Néanmoins, ces
réserves faites, et à condition qu'on fera, dans les résultats
obtenus, une part assez large à d'autres causes, surtout aux
causes morales, je reconnais que la méthode des pesées, convenablement pratiquée, c'est-à-dire sur un nombre d'individus suffisant pour annihiler les cas particuliers, peut et doit
donner des renseignements utiles au point de vue de l'alimentation.

Résultats des pesées dans les prisons d'Angleterre et d'Écosse.

Le Dr Marc d'Espine, médecin des prisons de Genève, a publié
(*Annales d'Hygiène*, 1844) des recherches sur les variations
de poids des prisonniers. Ces recherches sont intéressantes,
mais je n'y ai pas rencontré d'éléments pour la question qui
m'occupe.

Des pesées ont été faites sur une vaste échelle, en Écosse
(dans 48 prisons et sur un total de 4,800 détenus), avec
l'indication exacte des régimes alimentaires et de leur valeur
nutritive; elles méritent donc de retenir l'attention. Je les présente sous une forme aussi concise que possible dans les tableaux
qui suivent.

Les trois premiers sont empruntés à un important travail
intitulé : « Twenty-seventh report on Prisons in Scotland;
also Report on the Prison dietaries in Scotland, by Robert
Christison, M. D., Professor of dietetics and materia medica
in the University of Edinburgh, and James Bruce Thomson,
Resident Surgeon, General Prison for Scotland, 1866. »

Les deux autres, extraits du « Report on the dietaries in
H. M. Scotch Prisons, by Douglas Maclagan, M. D., medical
adviser H. M. Prison Commission, Scotland; and John M. Naugh-
tan, M. D., surgeon H. M. General Prison, Perth 1880-81 »,
présentent une comparaison des régimes différents suivis dans les
prisons d'Angleterre et d'Écosse, avec les résultats des pesées
chez les condamnés subissant leur peine dans ces prisons.

1° Tableaux extraits du 27° Rapport sur les prisons d'Écosse (1866).

PREMIÈRE CATÉGORIE.

Elle comprend :

1° Les prisonniers condamnés à plus de 3 jours et moins de 2 mois;

2° Les condamnés au travail obligatoire pour moins de 10 jours.

COMPOSITION DES REPAS

Déjeuner.

170^{gr} de farine d'avoine en porridge (1) avec 0^{lit},42 de lait.

Dîner.

0^{lit},85 de bouillie d'orge avec 170^{gr} de pain de froment — ou 1,132^{gr} de pommes de terre avec 0^{lit},42 de lait.

Souper.

679^{gr} de pommes de terre — ou 113^{gr} de farine d'avoine en porridge avec 1^{lit},28 de lait.

Le tout estimé équivalant à 680^{gr},376 de pain de froment.

VALEUR NUTRITIVE DES ALIMENTS (PAR SEMAINE)

	POIDS	SUBSTANCES AZOTÉES	SUBSTANCES HYDROCARBONÉES	AZOTE
Pain	1.190^{gr},7	105,75	594,06	
Farine d'avoine	1.984^{gr}	348.35	1.480,50	
Orge	595^{gr}	49,76	494,53	
Pour la soupe { viande. .	148^{gr},8	31,10	21,77	
{ légumes .	113^{gr},3		12,44	
Petit lait	3.968^{gr},8	174.17	264,37	
TOTAL . . .		709,13	2.867,67	
Soit par jour		101,30	409,66	15^{gr},58

RÉSULTATS DES PESÉES

	HOMMES	FEMMES
Nombre des détenus pesés	2.314	1.040
Restés au même poids..	1.107	465
Ont gagné du poids.	645	448
Ont perdu du poids	562	127
Total du poids gagné.	1.894^{lb} 1/4	1.604^{lb} (2)

(1) Le porridge est, pour ainsi dire, un mets national écossais, sorte de bouillie fort épaisse de farine d'avoine.

(2) Ces poids sont exprimés en livres anglaises (*lbs*).

	HOMMES	FEMMES
Total du poids perdu.	1.611lbs 1/2	336l 1/2
Proportion pour cent de ceux qui ont gagné ou n'ont pas perdu du poids.	75lbs,7	87lbs,7
Proportion pour cent de ceux qui ont perdu du poids.	24,2	12,2
Moyenne de l'augmentation de poids de ceux des prisonniers qui en ont gagné.	1k,324gr	1k,621gr
Moyenne du gain, par prisonnier, en sus de la perte, sur le nombre total des prisonniers.	49gr,5	552gr

DEUXIÈME CATÉGORIE

Elle comprend :

1º Les prisonniers non classés ;

2º Les condamnés à plus de 2 mois et à moins de 6 mois ;

3º Les condamnés au travail obligatoire à plus de 10 jours et moins de 60.

COMPOSITION DES REPAS

Déjeuner.

226gr de farine d'avoine en porridge avec 0lit,42 de lait.

Dîner.

1lit,14 de bouillie d'orge, avec 226gr de pain de froment — ou 1,132gr de pommes de terre, avec 0lit,42 de lait et 113gr de pain de froment.

Souper.

679gr de pommes de terre — ou 113gr de farine d'avoine en porridge avec 0lit,28 de lait.

Le tout estimé équivalant à 850gr de pain de froment.

VALEUR NUTRITIVE DES ALIMENTS (PAR SEMAINE)

	POIDS EN GRAMMES	SUBSTANCES AZOTÉES	SUBSTANCES HYDROCARBONÉES	AZOTE
Pain	1.587gr,54	139,96	790,03	
Farine d'avoine	2.381gr,31	416,78	1.775,98	
Orge	793gr,772	68,42	659,38.	
Pour la soupe { viande. .	198gr,443	40,43	27,99	
{ légumes .	141gr,745		18,66	
Petit lait	3.968gr,8	174,17	264,37	
TOTAL. . .		839,781	3.536,41	
Soit par jour		119,96	505,20	18gr,45

RÉSULTATS DES PESÉES

	HOMMES	FEMMES
Nombre des détenus pesés.	971	226
Restés au même poids	496	64
Ont gagné du poids	296	134
Ont perdu du poids	179	28
Total du poids gagné.	1,067lbs 1/2	569lbs
Total du poids perdu.	542	77
Proportion pour cent de ceux qui ont gagné ou n'ont pas perdu du poids.	81.5	87.6
Proportion pour cent de ceux qui ont perdu du poids	18.4	12.3
Moyenne de l'augmentation de poids de ceux des prisonniers qui ont gagné.	$1^k,621^{gr}$	$1^k,989^{gr}$
Moyenne du gain, par prisonnier, en sus de la perte, sur le nombre total des prisonniers	240^{gr}	$1^k,026^{gr}$

TROISIÈME CATÉGORIE

Elle comprend :

1° Les condamnés à plus de 6 mois;

2° Les condamnés au travail obligatoire à plus de 60 jours.

3° Les convicts (1), hommes et femmes, avant leur transfert à une prison de convicts.

COMPOSITION DES REPAS

Déjeuner.

226^{gr} de farine d'avoine en porridge avec $0^{lit},42$ de lait.

Dîner.

$1^{lit},14$ de bouillie d'orge avec 340^{gr} de pain de froment, ou $1,132^{gr}$ de pommes de terre avec $0^{lit},42$ de lait et 226^{gr} de pain de froment.

Souper.

106^{gr} de pommes de terre ou de farine d'avoine en porridge avec $0^{lit},28$ de lait. Le tout estimé équivalant à $1^k,020^{gr}$ de pain de froment.

VALEUR NUTRITIVE DES ALIMENTS (PAR SEMAINE)

	POIDS EN GRAMMES	SUBSTANCES AZOTÉES	SUBSTANCES HYDROCARBONÉES	AZOTE
Pain	$2.381^{gr},31$	211,50	1.188,13	
Farine d'avoine	$2.778^{gr},20$	485,20	2.071,45	
Orge	$793^{gr},772$	68,42	659,38	
Pour la soupe { viande.	$198^{gr},443$	40,43	27,99	
{ légumes.	$141^{gr},745$		18,66	
Petit lait	$3.968^{gr},8$	174,17	264,87	
TOTAL.		979,74	4.230, »	
Soit par jour :		139,96	604,28	21^{gr}

(1) L'expression « convicts » s'applique aux prisonniers condamnés à la servitude pénale et à la transportation.

RÉSULTAT DES PESÉES

	HOMMES	FEMMES
Nombre des détenus pesés	203	46
Sont restés au même poids	39	10
Ont gagné du poids	127	29
Ont perdu du poids	39	7
Total du poids gagné	706 lbs	175 lbs 1/2
Total du poids perdu	163	28
Proportion pour cent de ceux qui ont gagné ou n'ont pas perdu du poids	81,7	84,7
Proportion pour cent de ceux qui ont perdu du poids .	18,2	15,2
Moyenne de l'augmentation du poids de ceux des prisonniers qui en ont gagné	2k512,79	2k739
Moyenne du gain par prisonnier, en sus de la perte, sur le nombre total des prisonniers	1k207,34	1k351

2° Tableaux extraits du Rapport sur les régimes alimentaires dans les prisons d'Écosse.

Aliments délivrés pendant une semaine.

	HOMMES				FEMMES					
	ÉCOSSE		ANGLETERRE		ÉCOSSE				ANGLETERRE	
	Convicts non soumis aux travaux publics		Convicts soumis à un travail léger		Période d'épreuve		Après la période d'épreuve		Régime ordinaire	
	par semaine	par jour	par semaine	par jour	par semaine	par jour	par semaine	par jour	par semaine	par jour
	gr.	gr.	gr.	gr.	gr.	gr.	gr.	gr.	gr.	gr.
Pain	2381	340	4110	587	1587	226	3515	502	3345	477
Pommes de terre . . .	907	129	2494	356	680	97	907	129	2041	291
Viande	680[a]	97	340	48			680[a]	97	454	64
Poisson	340				340		340			
Viande dans la soupe .	226		340		340		113		226	
Fromage			113				113		85	
Graisse			21						31	
Farine			113						170	
Farine d'avoine . . .	2608	372	396	56	2267	323	1020	145	396	56
Oignons	28		28		28		28		28	
Autres légumes . . .	113		113		113		42		85	
Orge	340		56		510		170		28	
Cacao			99						99	
Mélasse			198				113		198	
Pois	255				368		156			
Lait	2976	[c]425	560	80	4961	[a]708	1247	[c]178	850	121

(a) crue, (b) cuite, (c) lait doux, (d) lait de beurre.

D'autres tableaux qui font suite au précédent indiquent la richesse de ces aliments en carbone, et les résultats des pesées pratiquées chez les détenus soumis à ces régimes.

En voici le résumé :

La nourriture journalière contient :

		AZOTE	CARBONE
		Grammes.	Grammes.
Convicts hommes	en Écosse	21,77	364,34
	en Angleterre	16,88	318,13

Résultats des pesées.

En Écosse, pendant l'épreuve
- 71 0/0 ont gagné du poids.
- 23 0/0 ont perdu du poids.
- 6 0/0 sont restés stationnaires.

En Angleterre (résultat non indiqué).

			AZOTE	CARBONE
			Grammes.	Grammes.
Convicts femmes	en Écosse	pend. l'épreuve	17,77	306
		après l'épreuve	17,33	296,81
	en Angleterre		15,55	282,14

Résultats des pesées.

En Écosse, pendant l'épreuve
- 75 0/0 ont gagné du poids.
- 23 0/0 ont perdu du poids.
- 2 0/0 sont restées stationn.

En Écosse, à l'expiration de la peine
- 35 0/0 ont gagné du poids.
- 58 0/0 ont perdu du poids.
- 7 0/0 sont restées stationn.

En Angleterre, pend. l'épreuve
- 59 0/0 ont gagné du poids.
- 22 0/0 ont perdu du poids.
- 19 0/0 sont restées stationn.

En Angleterre, à l'expiration de la peine
- 48 0/0 ont gagné du poids.
- 35 0/0 ont perdu du poids.
- 17 0/0 sont restées stationn.

Les indications les plus saillantes de ces tableaux, au point de vue qui nous occupe, peuvent se résumer de la manière suivante :

Dans la première catégorie des détenus écossais, le maximum de la détention est de 2 mois (il n'est que de 10 jours pour ceux qui sont condamnés au travail obligatoire); le régime alimentaire comporte 15^{gr},58 d'azote;

75 hommes sur 100, 87 femmes sur 100 gagnent du poids

ou tout au moins demeurent stationnaires ; 24 hommes sur 100, 12 femmes sur 100 perdent du poids ; mais la moyenne du gain est notablement supérieure à celle de la perte, puisqu'en tenant compte de cette perte, on voit que la moyenne du gain par prisonnier est de 49^{gr} pour les hommes ; — 552^{gr} (plus d'un demi-kilogramme) pour les femmes (en moins de 2 mois !).

Dans la deuxième catégorie, maximum 6 mois (ou 2 mois, avec travail obligatoire) ; le régime comporte 18^{gr},45 d'azote :

81 hommes sur 100 et 87 femmes gagnent du poids ou restent stationnaires ; 18 hommes sur 100 et 12 femmes en perdent.

La moyenne du gain (défalcation faite de la perte) est de 240^{gr} pour les hommes, 1^{k},026 pour les femmes.

Enfin, dans la troisième catégorie, où le régime est plus prolongé, sans dépasser une année, le régime comporte 21^{gr},53 d'azote ;

81 hommes sur 100 et 84 femmes gagnent du poids ou demeurent stationnaires ; 18 hommes sur 100 et 15 femmes en perdent.

La moyenne du gain (défalcation faite de la perte) est de 1^{k},207 pour les homme ! 1^{k},351 pour les femmes !

On remarquera encore, ce qu'indiquent les deux derniers tableaux, qu'en Angleterre on n'a pas poussé les exigences, en fait de régime, aussi loin qu'en Écosse ; les convicts hommes ont dans leur ration journalière 16^{gr},88 d'azote et 318^{gr},13 de carbone ; pendant qu'en Écosse cette ration comporte 21^{gr},77 d'azote et 364^{gr},34 de carbone. (Le résultat des pesées n'est pas indiqué pour les convicts anglais ; en Écosse il est à peu près le même que dans les précédents tableaux : les 3/4 des prisonniers gagnent du poids !) Pour les convicts femmes, la différence de régime est moins marquée dans les deux régions : la quantité de principes alimentaires est toujours plus faible en Angleterre qu'en Écosse ; mais, résultat assez inattendu, si, durant la première période de l'incarcération, le nombre des détenus qui gagnent du poids est plus considérable en Écosse (75 0/0) qu'en Angleterre (59 0/0), à l'expiration de la peine, on trouve un résultat inverse ; en Écosse, 35 0/0 ont gagné du poids, 58 0/0 en ont perdu, pendant qu'en Angleterre 48 0/0 en ont gagné et 35 0/0 en ont perdu.

Les médecins écossais donnent pour raison de cette diminution de poids, à la fin de l'emprisonnement, l'influence de l'inquiétude qui tourmente les détenues à l'approche de la libération ; les convicts déclarent que les derniers mois du séjour de la prison sont les plus pénibles ; elles tombent alors dans un état de vive surexcitation et perdent le sommeil et l'appétit.

Dans ces conditions, il est clair que ce n'est point l'alimentation qu'il faut rendre responsable du résultat.

Ne paraîtra-t-il pas, dès lors, évident à tout le monde que des régimes qui produisent, chez des prisonniers, chez des coupables que la société châtie, cet engraissement marqué, dépassent la mesure des obligations humanitaires ?

On pourrait objecter que certains détenus entrent dans les prisons dans un tel état de misère, après avoir subi de telles souffrances et de telles privations, que le régime qu'ils y trouvent, fût-il même insuffisant, devient pour eux réparateur et leur procure un embonpoint relatif.

Cela est vrai, quelquefois du moins ; mais s'il y a augmentation de poids chez ceux-là, n'y a-t-il pas, par compensation, diminution chez ceux qui n'ont pas abandonné tout sentiment d'honneur, toute affection de famille, tout désir de liberté, et qui éprouvent les souffrances morales inhérentes à leur nouvelle situation ?

Statistiques de morbidité.

Le Rapport sur les prisons d'Écosse renferme aussi des statistiques comparées fort bien faites sur les différences dans le nombre des malades, et des décès, ainsi que dans celui des journées de travail perdues, pendant 2 périodes de dix années ; de 1844 à 1853 et de 1854 à 1863 ; les résultats sont tout à l'avantage de la 2e période, où le régime alimentaire avait été très amélioré ; mais comme le régime suivi de 1844 à 1853 n'est pas indiqué dans ce Rapport, je n'ai pu le comparer avec le régime de 1854 à 1863 reproduit plus haut ; en outre, il ressort du Rapport que, dans les dix dernières années, l'hygiène des prisons avait reçu diverses améliorations ; il faut assurément leur accorder une juste valeur, et une part importante dans le résultats obtenus ; ces statistiques ne peuvent donc pas servir à résoudre la question alimentaire. Quant à mes statistiques personnelles, quoiqu'elles embrassent un certain nombre d'années, comme il n'a été durant ce temps introduit aucune modification au régime suivi, elles ne permettent, à ce point de vue, aucune comparaison utile à la solution de cette question.

Détermination de la ration de travail.

Quoi qu'il en soit, et malgré cette lacune, plusieurs données importantes me paraissent nettement établies par l'étude qui précède :

1° Si les physiologistes varient dans leurs appréciations relativement à la quantité des principes alimentaires qui doivent entrer dans la composition de la ration de travail, ils s'accordent à reconnaître que ce sont surtout les hydrocarbonés et les graisses qu'il convient d'augmenter dans ce but ;

2° L'expérience a démontré que les professions sédentaires, celles qui s'exercent à l'intérieur des maisons, et plus particulièrement dans les prisons, où l'on se trouve à l'abri des besoins et des préoccupations ordinaires de la vie, exigent une somme moindre de principes alimentaires que le travail qui s'exerce à l'air libre, avec l'agitation fébrile de la lutte pour l'existence ;

3° Les analyses de différents régimes alimentaires en usage montrent que, dans plusieurs armées (prussienne, danoise) et dans la marine anglaise, les aliments ne contiennent pas une proportion journalière de plus de 16 à 18 grammes d'azote. Ce dernier chiffre est celui que réclame un éminent physiologiste, von Voit, de Munich, pour les prisonniers astreints au travail ;

4° Les résultats fournis par les pesées faites dans les prisons d'Écosse, où les régimes alimentaires contiennent, suivant la durée de la peine, de 15^{gr},50 à 21^{gr},53 d'azote, et de 409 grammes à 604 grammes d'hydrocarbonés, semblent démontrer que ces régimes sont excessifs, puisque la grande majorité des détenus acquiert, en prison, un embonpoint dépassant assurément la mesure de ce qu'imposent les lois humanitaires et pénales.

Ne ressort-il pas avec évidence de ces données que l'on aura réellement fait tout le nécessaire, en même temps que donné satisfaction à la philanthropie la plus exigeante, en accordant aux détenus soumis au travail un régime alimentaire équivalent à celui des armées dont il vient d'être question, c'est-à-dire 16 à 18 grammes d'azote, 300 à 380 grammes de carbone ?

	AZOTE grammes	CARBONE grammes
La ration d'entretien ayant été fixée ainsi qu'il suit.	11 à 12,5	230 à 270
La *ration de travail* destinée à la compléter devra donc contenir. . .	5 à 5,5	70 à 110
TOTAL. . . .	16 à 18	300 à 380

En conservant, comme ration d'entretien, le régime fixé par les règlements et cahiers des charges pour l'ordinaire, soit dans les maisons centrales, soit dans les prisons départementales et d'arrondissements, nous n'avons pas besoin, pour arriver au même total, de chiffres aussi élevés que ceux qui viennent d'être indiqués (5^{gr} à 5^{gr},5 d'azote; 70^{gr} à 110^{gr} de carbone); ce régime ordinaire contient en effet de 13^{gr},38 à 14^{gr},22 d'azote; 313^{gr} à 314^{gr} de carbone (1), dans la prison départementale de Rouen; et, d'après le Dr Hurel, dans le régime ordinaire de la maison centrale de Gaillon, la moyenne d'azote est de 13^{gr},89, celle de carbone de 318^{gr}.

---

(1) Une inflexible logique obligerait, sans doute, après avoir posé le principe du *Strict nécessaire*, à demander une réduction du régime ordinaire, en tant que ration d'entretien, puisqu'il renferme de 13^{gr},38 à 14^{gr},22 d'azote au lieu de 11 à 12^{gr},5. Je ne crois pas, cependant, devoir le faire. Le temps a consacré ce régime, dont les résultats sont satisfaisants, qui présente de la variété et une bonne composition. Vouloir le diminuer serait, peut-être, s'exposer à des déceptions, et, certainement, à des récriminations qui pourraient n'être pas dénuées de fondement. C'est toujours sur des moyennes que reposent ces chiffres de principes nutritifs; mais on sait fort bien que les besoins ne sont pas les mêmes pour tous, qu'à côté d'hommes doués de petits appétits, il y a de forts mangeurs. En outre, ne faut-il pas toujours, dans ces calculs, faire la part d'erreurs possibles? Les équivalents nutritifs ne sont pas indiqués de la même manière par tous les chimistes : M. A. Gautier a rectifié quelques-uns des chiffres de Payen, ainsi les équivalents en azote seraient :

	POUR LA CHAIR DE CARPE	POUR LES ŒUFS DE POULE	POUR LE LAIT DE VACHE	POUR LE RIZ
Suivant Payen	3.49	1.90	0.66	1.80
Suivant A. Gautier . .	2.40	2.60	0.554	0.99

Ces différences proviennent vraisemblablement des méthodes analytiques, ainsi que des échantillons employés aux analyses. Ces échantillons ont dû être empruntés à des aliments de premier choix; il se pourrait, dès lors, que certains des chiffres auxquels on arrive fussent, en réalité, un peu élevés et, dans ces matières, s'il y a erreur, il vaut mieux qu'elle soit à l'avantage du consommateur qu'à son détriment.

En substituant ces chiffres à ceux de la ration d'entretien fixée ci-dessus, nous arrivons aux résultats suivants :

	AZOTE	CARBONE
	grammes	grammes
Ration d'entretien.	13,35 à 14,20	313 à 314
Ration de travail.	2,65 à 3,80	0 à 66
TOTAL. . .	16,00 à 18,00	313 à 380

On réalisera donc une alimentation convenable pour les travailleurs, en ajoutant à l'ordinaire un supplément alimentaire contenant environ $2^{gr},65$ à $3^{gr},65$ d'azote et 66 grammes de carbone.

Rapport entre les vivres de cantine et la ration de travail.

Trouvons-nous, dans les aliments actuellement délivrés en cantine, les éléments de ce supplément alimentaire? Et la majorité des détenus en profite-t-elle, dès maintenant, d'une manière satisfaisante?

Pour répondre à ces questions, il me semble nécessaire d'entrer dans quelques détails au sujet du mode de fonctionnenement de la cantine, ainsi que des rations qui obtiennent les faveurs des détenus.

Tous les jours le comptable de chaque atelier dresse une feuille de cantine sur laquelle se font inscrire, pour une ou plusieurs rations, ceux des détenus qui désirent profiter de leur pécule disponible (1); cette feuille est soumise au contrôle du gardien-chef afin qu'il puisse rayer les noms de ceux qu'une mesure disciplinaire prive de cantine. La moyenne des détenus qui participent au supplément (d'après un relevé fait en septembre 1884) est de 80 0/0 pour les hommes, de 59 0/0 pour les

____

(1) On a vu que le produit du travail des détenus était divisé en dixièmes, dont une part, variable suivant la condamnation, revient au détenu; cette part est elle-même subdivisée en deux moitiés; l'une forme le *pécule de réserve*, qui sera remis au prisonnier à sa sortie; l'autre constitue le *pécule disponible*, qu'il peut affecter (ainsi que ses ressources personnelles), mais seulement dans une mesure déterminée (0 fr. 50 c. par jour) à l'achat des objets et aliments de cantine.

femmes. Chaque détenu (homme ou femme) a 0 fr. 254 par jour, en moyenne, à dépenser ; mais la dépense moyenne journalière est de 0 fr. 113 (1).

Le lait est, de tous les aliments de cantine, le plus demandé.

Le ragoût de bœuf, environ 25 à 30 portions par jour ;
— 250 à 300 le dimanche.

Salade de pommes de terre . . 180 (le vendredi seulement).
— haricots . . . . . . 180 —
Salade verte . . . . 40 (dans la saison).
Fromage . . . . { 20 par jour.
{ 60 le dimanche.
Beurre . . . . Idem.
Saucisson 20
Hattignolles . . . . 20 (la plus grande partie dans le quartier des femmes).
Harengs saurs 15
Confiture . . . . 10 à 12
Saucisse allemande . . . . . 5 à 6
Sucre . . . . 2 à 3
Cervelas . . . . 1 à 2

Le café est demandé d'une manière variable, suivant les saisons. Pendant l'été 17 à 18 par jour ; au printemps et à l'automne une quarantaine ; pendant les froids de l'hiver, une centaine.

Renseignements sur les tâches :

(1) Hommes :

		Fr.		Fr.
Chaussons	tâche maximum	1,10	tâche moyenne .	0,74
	— minimum	0,38		
Cordonnerie	— maximum	2,10	—	1,35
	— minimum	0,60		
Chiffons	— maximum	0,96	—	0,64
	— minimum	0,32		
Sacs	— maximum	0,60	—	0,45
	— minimum	0,30		
Service général, prix moyen				0,50

Femmes :

		Fr.		Fr.
Confection	tâche maximum	1,50	tâche moyenne .	0,975
	— minimum	0,45		
Sacs	— maximum	1,20	—	0,90
	— minimum	0,60		

47 0/0 des détenus dépassent la tâche fixée.
51 0/0 — l'atteignent.
2 0/0 — ne l'atteignent pas.

Les aliments de supplément sont délivrés le lendemain, le plus ordinairement au repas du matin ; mais si le détenu ne consomme pas tout en une seule fois, il peut conserver le reste dans un sac, pour le faire servir à un autre repas ; c'est ainsi qu'il n'est demandé, en général, chaque semaine, que 2 pains de supplément, par détenu (c'est-à-dire 1,500 grammes) ; il y en a de mis en réserve, de sorte que la quantité de pain de supplément peut être évaluée à 200 grammes par jour.

Ces 200 grammes de pain (coûtant 0 fr. 042) contiennent :

Azote 2 gr. 40 — Carbone 60 grammes.

A lui seul, le pain contient donc la majeure partie des principes nutritifs nécessaires à la ration de travail ; le léger déficit sera facilement comblé, et souvent même au delà, par les autres aliments fréquemment demandés par les détenus. Ainsi :

	AZOTE	CARBONE
	grammes	grammes
La portion de lait (1/2 litre) coûtant 0 fr 12 c. renferme.	2,77	40 »
— de ragoût de bœuf (aux pommes de terre (1) coût. 0 fr. 24 c. renferme	3,39	41,80
— de ragoût de bœuf (aux haricots (2) coûtant 0 fr. 24 c. renferme.	8,22	69,80
— de fromage de Neufchâtel coûtant 0 fr. 18 c. renferme	2,06	51,10
— de beurre (50 grammes) coûtant 0 fr. 19 c. renferme.	0,32	41,50

Ces exemples montrent que certaines des portions délivrées par la cantine contiennent à elles seules plus que la quantité de principes alimentaires réclamés pour la ration de travail ; et que les autres, combinées avec le pain, contiennent au moins

	AZOTE	CARBONE
	grammes	grammes.
(1) 100gr de viande cuite (désossée = 80gr).	2,40	8,80
300gr de pommes de terre	0,99	33 »
	3,39	41,80.
(2) 100gr de viande cuite (= 80gr).	2,40	8,80
150gr haricots	5,82	61 »
	8,22	69,80

cette quantité (1). D'où il résulte que les aliments actuellement délivrés par la cantine pourraient être conservés pour composer le supplément obligatoire dit « ration de travail ». La variété qu'ils introduisent dans l'alimentation a le double avantage de faciliter les fonctions digestives et d'établir une moyenne convenable de principes alimentaires : ceux-ci se trouvent-ils un jour en faible proportion, le lendemain ils seront plus abondants, et l'équilibre sera ainsi rétabli.

Réglementation nouvelle à introduire dans le service de la cantine.

Mais, cependant, si l'on ne veut pas que les quantités reconnues *suffisantes* soient dépassées d'une manière trop continue, il deviendra nécessaire de réglementer à nouveau ce service des vivres supplémentaires. C'est ce qu'avait déjà demandé le Dr Hurel, avec lequel je ne diffère d'opinion que sur la quantité d'azote nécessaire : « Pour cela, dit-il, il n'y a qu'à combiner les différents aliments de telle façon que la somme d'azote qu'ils renferment, ajoutée à celle du régime ordinaire, atteigne approximativement le chiffre 20, exigé par la ration normale. En calculant d'après cette donnée, pour chaque jour, *on ne verrait pas un certain nombre de détenus introduire dans leur alimentation un chiffre trop élevé d'azote. — Ce chiffre trop élevé n'est pas nécessaire* (2). »

D'anciennes instructions ministérielles régissent, il est vrai, cette matière ; mais ne semblent-elles pas un peu oubliées ? Dans la circulaire de M. Duchâtel (28 mars 1844) que j'ai déjà citée, se trouve le passage suivant : « C'est encore un de mes projets de supprimer un jour la cantine, d'effacer cette dernière inégalité du régime de nos prisons pour peine. Néanmoins, je

---

(1) Il n'est donc nullement étonnant, vu la moyenne considérable des détenus (80 0/0) qui prennent part à la cantine, que je n'aie jamais eu occasion de constater les effets de l'insuffisance alimentaire.

(2) Hurel *(loc. cit.)*. — Voici les résultats de ses recherches sur la quantité de principes nutritifs contenus dans l'alimentation des détenus ayant de la cantine.

Pour ce qui concerne la quantité d'azote, on trouve :

1° Ou le chiffre d'azote n'arrive pas à 18 ;

2° Ou il est compris entre 18 et 22 ;

3° Ou il dépasse 22 et quelquefois de beaucoup.

n'ai pas jugé que le moment fût encore venu de prononcer cette suppression. En attendant, le directeur est autorisé, par l'article 16 de mon arrêté, à permettre aux détenus de se procurer, sur la portion disponible de leur pécule, les aliments et autres objets dont la vente a été permise par le Règlement disciplinaire du 10 mai 1839, et par des décisions spéciales à chaque maison. Mais, averti par l'examen des faits, que les détenus employaient généralement la moindre portion de leur pécule en pain, et la très grande portion en aliments secondaires, tels que beurre, fromages, pommes de terre, fruits, salade, lait, etc., *j'ai statué que les derniers achats ne pourraient excéder 15 centimes par jour.* Il y a malheureusement fort peu d'ouvriers libres qui puissent faire une dépense pareille, après avoir payé leur pain et les autres aliments de première nécessité, pourvu à leur logement et à leur habillement. »

Je suis loin de proposer la suppression de la cantine ; mais, d'après moi, elle ne devrait jamais être facultative ; *interdite* aux détenus oisifs, elle deviendrait *obligatoire* pour tous ceux qui travaillent. Mais, en même temps, il faudrait revenir aux limites si bien exprimées dans la circulaire de M. Duchâtel. Sont-elles encore toujours strictement observées ? Il me semblerait téméraire de l'affirmer ; mais, du moins, si cela a lieu, ce n'est pas à l'observation de règles précises qu'il faut l'attribuer ; en effet, dans l'état actuel des choses, il ne paraît pas y avoir de pratique uniforme dans les différents établissements pénitentiaires de la France. Il serait donc nécessaire de fixer, plus rigoureusement que cela n'a lieu aujourd'hui, la limite des dépenses qui peuvent être faites à la cantine, et de les restreindre dans des bornes ne s'éloignant pas sensiblement des formules alimentaires qui ressortent des études auxquelles je viens de me livrer.

Conclusion.

Des différents points examinés dans ce chapitre, il me paraît permis de tirer les conclusions suivantes :

1° Un supplément d'alimentation est indispensable aux détenus régulièrement soumis au travail ;

2° Les détenus peuvent se procurer des vivres supplémentaires à la cantine, mais cet achat est facultatif ; il devrait devenir obligatoire pour tous les détenus travailleurs et la dépense occasionnée par ce supplément de vivres devrait être supportée par le détenu et l'entrepreneur de la prison (ou l'État, lorsque le travail se fait en régie), proportionnellement au profit tiré par chacun d'eux du travail produit;

3° Les vivres supplémentaires, ou ration de travail, doivent contenir de 5^{gr} à $5^{gr},50$ d'azote et de 70 à 110 grammes de carbone, lorsque la ration d'entretien est de 11 à $12^{gr},50$ d'azote et de 230 à 270 grammes de carbone; mais, si l'on conserve comme ration d'entretien l'alimentation qui est aujourd'hui réglementaire dans les prisons départementales et les maisons centrales de France, la ration supplémentaire de travail peut n'être que de $2^{gr},65$ à $3^{gr},80$ d'azote et 66 grammes de carbone;

4° Le service de la cantine, devenu obligatoire pour les détenus travailleurs, devrait être réglementé de manière que les vivres supplémentaires journellement fournis à chacun d'eux ne s'écartent pas d'une manière sensible de la formule qui précède.

IV

Généralités sur l'hygiène alimentaire.

Bases d'une bonne alimentation. — De la viande dans le régime alimentaire des détenus. — Des principes alimentaires et de leur rôle physiologique. — Modifications subies par les aliments dans le tube digestif. — Conclusions de la Commission d'euquête anglaise de 1878. — Composition des aliments les plus usités dans les prisons en principes alimentaires. — Digestibilité des aliments. — Rapports nécessaires entre les divers principes alimentaires.

Bases d'une bonne alimentation.

Il est plusieurs questions, liées d'une manière assez intime à celles qui viennent d'être traitées, et qui méritent encore un examen attentif.

Il ne suffit pas de déterminer les quantités de principes alimentaires nécessaires à l'existence dans les différentes circonstances de la vie, il faut s'assurer encore si les aliments qui les renferment se prêtent aux divers actes de la nutrition, de manière à produire les effets qu'on attend d'eux. Comme le dit fort bien M. le professeur Fonssagrives, « il faut mettre prudemment, à côté des arrêts de la chimie, pour apprécier la valeur nutritive d'un aliment, le criterium de l'estomac qui distingue à merveille l'azote alibile de celui qui ne l'est pas, et nous estimons qu'en pareille matière, il est prudent d'*abandonner* l'hygiène théorique *pour* l'hygiène d'observation (2) .»

Nous aurons à examiner si les aliments qui forment la base de la nourriture des prisonniers répondent, par leur composition, et leur digestibilité aux exigences de la grande majorité des estomacs, et s'ils contiennent les principes alimentaires,

---

(1) S'il m'était permis de hasarder, non une critique, mais une simple observation, quand il s'agit d'un savant aussi éminent, d'un écrivain aussi disert et correct que M. Fonssagrives, je me demande s'il ne serait pas plus exact de dire, « il est prudent de *contrôler* l'hygiène théorique *par* l'hygiène d'observation ».

Ces lignes étaient écrites lorsque la mort est venue frapper ce très regretté confrère.

non seulement en quantités, mais aussi en proportions convenables pour les besoins de l'organisme et le maintien de la santé.

De la viande dans le régime alimentaire des détenus.

Plusieurs fois il m'est arrivé d'entendre émettre des critiques au sujet de la quantité de viande délivrée aux prisonniers, quantité qu'on jugeait insuffisante. Ces critiques naissent, en grande partie, des habitudes contractées, qui deviennent une nécessité, et font croire à une semblable nécessité pour tous, y compris les prisonniers. « Certains siècles, qui appréciaient l'abondance plus que la délicatesse des aliments, dit M. le professeur Bouchard, ont fait des abus de viandes qui produisaient leurs effets fâcheux seulement sur une classe restreinte de la société. Aujourd'hui, on mange modérément de toute chose, mais on mange relativement trop de viande, et cela dans toutes les classes de la société (1). »

Il me paraît nécessaire pourtant d'en excepter les classes rurales. « En France, la consommation de viande serait de 75 kilog. par habitant, à Paris ; de 53 à 54 kilog. dans les villes et seulement de 5 à 6 kilog. dans les campagnes. » (Marvaud) Selon Bouley et Nocard, la moyenne est de 25 kilog. par tête pour toute la France, mais seulement de 15 kilog. pour les populations rurales. À la vérité, ces moyennes, si faibles qu'elles soient, dissimulent les villages où l'on mange à peine de la viande et les familles qui, dans ces villages ou d'autres, n'en mangent à peu près jamais. Lille consommait, en 1874, 42^k,25 par habitant ; Rouen, 45 kilog. (Dumesnil) (2). »

On sait généralement que le corps humain subit des pertes incessantes qu'il répare au fur et à mesure ; mais une erreur très répandue consiste à croire que la réparation des tissus de l'économie exige des éléments similaires, que le muscle se reconstitue avec le tissu musculaire, la graisse avec la graisse, etc. Logiquement on en déduit que la viande est indispensable à l'alimentation.

Ce n'est pas ainsi que s'accomplit le grand acte de la nutri-

---

(1) Bouchard, *loco cit.* p. 241.
(2) Arnould, *loco cit.* p. 729.

tion. Si l'on réfléchissait que, dans la nourriture des bœufs, des moutons et d'autres espèces animales, qui nous fournissent d'excellente viande, il n'entre pas un atôme de chair, on ferait soi-même rapidement justice de cette erreur. Les aliments subissent, dans le tube digestif, des modifications telles qu'il devient bientôt impossible de distinguer leur nature et leur provenance.

Des principes alimentaires et de leur rôle physiologique

On a souvent, à l'exemple de Liebig, comparé le corps humain à une machine à vapeur; cette comparaison donne lieu, en effet, à un rapprochement intéressant. Le charbon, qui est introduit dans le foyer de la machine, en se combinant avec l'oxygène de l'air, brûle et développe de la chaleur; celle-ci convertit l'eau en vapeur qui transmet le mouvement à tout l'appareil.

Les aliments, qui sont le combustible de la machine humaine, renferment, entre autres éléments, du carbone, qui, en se combinant, dans la profondeur des tissus, avec l'oxygène de l'air absorbé par le sang dans l'appareil pulmonaire, développe la chaleur animale susceptible de se transformer en mouvement.

Mais là, ou à peu près, s'arrête l'analogie. Tandis que, dans la machine industrielle, l'usure produite par le mouvement va sans cesse croissant, et finit par mettre le mécanisme hors d'état de fonctionner, si l'on ne remplace les pièces détériorées par des pièces neuves; dans la machine humaine fonctionnant normalement, c'est-à-dire à l'état de santé, l'usure qui se produit incessamment, est incessamment réparée (du moins pendant un grand nombre d'années). C'est que les aliments ne contiennent pas que du charbon et que l'organisme humain est un merveilleux instrument, qui sait utiliser par lui-même et pour lui-même les principes divers que les aliments renferment.

Ces principes sont, au point de vue chimique et physiologique, divisés en quatre groupes :
— Les principes albuminoïdes ou azotés;
— Les hydro carbonés ou hydrates de carbone;
— Les graisses;
— Les matières minérales.

Les principes albuminoïdes sont encore nommés *substances*

quaternaires, par opposition aux substances hydrocarbonées et aux graisses, qui sont des *substances ternaires*, parce que, dans les premières, la chimie démontre l'existence de quatre éléments primordiaux : azote, carbone, hydrogène, oxygène; tandis que les secondes ne contiennent pas d'azote, et seulement trois éléments : carbone, hydrogène, oxygène.

Ce sont, particulièrement, les *substances quaternaires* qui servent à la réparation des tissus (et cela quelle qu'en soit la provenance, animale ou végétale). Aussi Dumas les avait-il désignées sous le nom de principes assimilables, et Liébig sous celui de principes plastiques.

Les *substances ternaires* servent, surtout, à produire la chaleur animale et la force musculaire. Dumas les appelait principes combustibles, et Liébig principes respiratoires.

(Cette classification est loin d'être absolue, car les matières albuminoïdes, surtout en excès, servent à la calorification, et jouent ainsi le rôle des substances ternaires; pendant que, de son côté, la graisse économise l'albumine en fournissant abondamment les éléments du tissu adipeux, et permettant ainsi l'utilisation intégrale, pour la réparation du tissu musculaire, des principes azotés que contiennent les aliments).

Les *matières minérales* apportent leur contingent à la constitution des tissus organiques et sont presque toujours intimement liées à la composition des substances alimentaires.

Les substances albuminoïdes se rencontrent dans le règne animal et dans le règne végétal. Pour ne citer que les principales, le règne animal nous fournit : l'albumine et la vitelline des œufs ; — la caséine du lait ; — la fibrine, la musculine contenues dans le sang et le tissu musculaire.

Le règne végétal : la légumine des semences de légumineuses ou caséine végétale ; — le gluten des céréales ou fibrine végétale ; l'albumine végétale, qui se rencontre en forte proportion dans les choux, le cresson, les asperges, etc.

Les hydrates de carbone, (sucres, fécule, dextrine, gommes, etc.), sont surtout fournis par le règne végétal et forment la partie la plus abondante des céréales et, par conséquent du pain ; mais on en rencontre aussi dans le règne animal, le sucre de lait par exemple.

(Le règne animal et le règne végétal renferment des matières réfractaires à l'action des sucs digestifs, comme le tissu élastique, comme l'enveloppe d'un certain nombre de graines ; fait très utile à connaître et dont nous trouverons une application très importante dans la préparation des aliments.)

Les corps gras alimentaires sont aussi de provenance animale ou végétale, saindoux, beurre, huiles etc.

Les matières minérales, qui entrent dans la composition des aliments et servent à la nutrition, sont nombreuses ; pour n'en citer que quelques-unes : l'eau, qui forme les 75 centièmes du poids de nos tissus : — les sels minéraux, alcalins et alcalino-terreux (chlorure de sodium, carbonate de chaux, phosphates de potasse, de soude et de chaux, sels de magnésie, de fer, etc.).

Bien qu'elles soient aussi utiles que les principes quaternaires et ternaires, on les néglige assez souvent dans les calculs relatifs à la valeur nutritive des aliments, parce que la plupart d'entre elles existent en proportions convenables dans les aliments les plus usuels, et que les habitudes de la civilisation ont introduit, dans la préparation des aliments, le chlorure de sodium ou sel marin, qui ne s'y trouve pas contenu en proportion des besoins de l'organisme.

Modifications subies par les aliments dans le tube digestif.

Les aliments, introduits dans l'appareil digestif, y subissent des modifications profondes, par le fait des organes qu'ils traversent successivement (bouche, estomac, intestin), et des liquides organiques qu'ils y rencontrent (salive, sucs gastrique, pancréatique, intestinaux, bile).

Les matières albuminoïdes, qu'elles proviennent du règne végétal ou du règne animal, sont transformées en peptones, solubles dans le suc gastrique et assimilables;

Les substances hydrocarbonées sont converties en un sucre particulier, soluble et assimilable;

Les graisses sont émulsionnées.

Dans ces états nouveaux, les substances alimentaires peuvent être absorbées par les vaisseaux veineux et lymphatiques, qui les conduisent (mélangées intimement au sang), au cœur, aux poumons, puis dans toutes les parties du corps pour y subir d'autres métamorphoses, réparer les tissus, créer la chaleur et la force.

Les seules parties des aliments qui subissent ces transforma
tions servent à la nutrition.

Celles qui sont réfractaires à l'action des sucs digestifs ne
font que traverser le tube gastro-intestinal.

Les aliments d'origine végétale présentent, il est vrai, en plus
grande quantité ces substances réfractaires (aussi les déjections
fécales des herbivores sont-elles plus abondantes que celles des
carnivores); mais les aliments de provenance animale contiennent
aussi un certain nombre d'éléments non assimilables (tissus élas-
tiques des tendons, des aponévroses, des tuniques artérielles;
substances cornées, épiderme, ongles, poils, etc.). Toutes ces
substances, auxquelles s'ajoutent des débris de l'épithélium intes-
tinal, de la cholestérine et de la matière colorante de la bile,
sont expulsées au dehors et ne servent pas à la nutrition.

Tels sont, exposés aussi brièvement que possible, les métamorphoses et le rôle des aliments.

Il est facile de voir, d'après cela, que, théoriquement au moins,
la viande n'est nullement indispensable à la nourriture de
l'homme, puisque, dans le règne végétal seul et dans quelques
produits animaux (lait, œufs), il trouve toutes les substances
nécessaires à la réparation des tissus, à l'entretien de la chaleur
animale, à la production de la force.

Pratiquement, en est-il de même?

De nombreuses expériences permettent de répondre affirmati-
vement; certains ordres religieux, comme les Trappistes, les
Chartreux; certaines sectes, comme celle des légumistes, en Amé-
rique, ont banni totalement la viande de leur régime alimentaire,
sans qu'il paraisse en résulter de désordres dans la santé.

Ainsi que, d'ailleurs, l'a fait observer Fonssagrives, « d'après
la structure de son appareil digestif, l'homme est plus frugi-
vore que carnassier; la proportion des matières végétales doit
l'emporter dans la composition de sa ration. Il peut vivre, on
le sait, avec une nourriture exclusivement végétale; l'expérience
inverse n'a, je crois, jamais été tentée et ne réussirait probable
ment pas (1). »

Je crois avoir complètement réfuté l'opinion de ceux qui pré-
tendent que la quantité de viande délivrée aux prisonniers est
insuffisante, en démontrant qu'à la rigueur on peut s'en passer.

____

(1) *Dict. Encyclop. des Sciences Méd.* — Art. ALIMENTS

Je tiens encore à faire observer que la quantité accordée n'est pas aussi faible qu'on le suppose. Dans les maisons centrales, chaque détenu a droit, le dimanche à 150 grammes, le jeudi à 120 grammes; donc, par semaine 270 grammes; et en 52 semaines ou par an (sans la cantine) 14^{kil}, 040. (J'ai déjà dit que Bouley et Nocard avaient calculé que la moyenne de la consommation annuelle en France était de 25 kilog., mais seulement de 15^{kil}, pour les populations rurales). Dans les prisons d'arrondissement et de département, il n'y a pas de distribution de viande, à l'ordinaire, le jeudi; les 150 grammes du dimanche produisent en une année 7^{kil}, 800; mais il y a, à la cantine, des ragoûts de bœuf contenant 100 grammes de viande, que peuvent demander tous les jours, en ce moment, ceux qui ne sont pas punis, et que le nouveau règlement n'accorde que trois fois par semaine (ce qui ferait 300 grammes). Ces 300 grammes, joints aux 150 grammes de la ration du dimanche, donnent 450 grammes la semaine, et en une année 23^{kil}, 400 (alors que la moyenne, par tête, ne serait pour toute la France que 25 kilog.). Loin d'être insuffisant, ce chiffre ne paraîtra-t-il pas excessif, si l'on ne perd pas de vue, en même temps que le côté hygiénique de la question, le côté pénitentiaire?

Conclusions de la Commission d'enquête anglaise de 1878.

En Angleterre, où la consommation de la viande est plus considérable qu'en France, on s'est cependant demandé s'il n'y aurait pas lieu de réduire la ration de viande donnée aux détenus. Les conclusions du rapport auquel j'ai déjà fait divers emprunts renferment, à ce sujet, un passage qui mérite d'être cité : « Nous sommes d'avis que les semences des plantes légumineuses devraient former le principal élément du régime alimentaire des prisons, et on voudra bien remarquer que c'est d'après cette opinion que nous avons adopté une formule pour la préparation de la soupe. Les principales espèces de légumineuses sont les pois, les haricots et les lentilles; elles ont une valeur nutritive très élevée; les préparations alimentaires qu'elles servent à former sont agréables à l'estomac, et similaires, au point de vue chimique et diététique, de celles que fournit la viande. La différence entre la composition chimique des graines des légu-

mineuses et celle des céréales consiste en ce que, dans les premières, la proportion des principes albuminoïdes est beaucoup
plus élevée que dans les secondes; le rapport des principes plastiques aux principes combustibles dans ces semences est environ
:: 1: 2 1/2, tandis que dans le froment elle est :: 1 : 5, et dans
le riz :: 1 : 10... Il n'y aurait aucune difficulté à établir un
régime alimentaire contenant des principes nutritifs égaux à
ceux de la viande, avec du gruau, des pois, des haricots et de
la graisse, et cela avec le tiers ou le quart de la dépense qu'entraîne l'alimentation par le régne animal. Nous ferons observer
que la digestibilité des légumineuses dépend d'une cuisson convenable, aussi bien que celle de la viande. On sait que les haricots blancs sont très employés en France, les lentilles dans le
sud de l'Europe, l'Algérie et l'Égypte, et les pois en Espagne et
autres pays; un mélange de légumineuses et de riz forme la
nourriture de vastes contrées de l'Inde. L'usage de toutes les
légumineuses mérite de se répandre davantage en Angleterre,
et si nous nous contentons des pois, ce n'est pas que nous
n'ayons une aussi bonne opinion des haricots et des lentilles,
mais uniquement parce que nous ne voulons pas proposer une
innovation qu'on pourrait regarder comme trop brusque, trop
soudaine; si, cependant, le prix de la viande venait à s'élever, nous
poserions, comme très digne de fixer l'attention, la question
de savoir s'il ne conviendrait pas de diminuer la quantité de cet
aliment en lui substituant des aliments aussi nutritifs et beaucoup moins coûteux.

Même aux prix actuels, nous recommandons hautement de remplacer fréquemment le bœuf par des haricots et du lard, changement qui serait agréable aux prisonniers, en même temps qu'il
constituerait un allègement marqué pour le trésor public. Pour le
démontrer, nous indiquons le prix du ragoût de bœuf délivré le lundi et le vendredi aux condamnés au travail obligatoire dans la classe
IV, et celui du ragoût que nous proposons de lui substituer.

Ragoût de bœuf.

4 oz. (113 gr) de bœuf cuit (sans os) . .	3 1/2 d.	= 0ᶠ35
12 oz. (340 gr) de pommes de terre . . .	3/4 d.	= 0ᶠ075
8 oz. (226 gr) de pain.	1/2 d.	= 0ᶠ05
Total	4 3/4 d.	= 0ᶠ475

Ragoût de lard et haricots.

9 oz. (255 gr) de haricots cuits.	1/2 d.	= 0'050
1 oz. (28 gr) de lard cuit.	1/2 d.	= 0'050
12 oz. (340 gr) de pommes de terre . . .	3/4 d.	= 0'075
8 oz. (226 gr) de pain.	1/2 d.	= 0'050
TOTAL	2 1/4 d.	= 0'225

Le ragoût de haricots est supérieur, comme valeur nutritive, au ragoût de bœuf, et, comme on vient de le voir, il coûte environ 25 centimes de moins; est-il nécessaire de faire remarquer que cette somme, multipliée des milliers de fois par semaine ou par quinzaine représentera une immense économie à la fin de l'année? »

Si j'ai reproduit cette longue citation, il ne faudrait pas m'attribuer l'intention de proposer d'exclure complètement la viande du régime des détenus; je suis au contraire partisan d'une alimentation mixte, mais avec les réserves que comporte le régime pénitentiaire; et je ne saurais mieux résumer mon opinion à cet égard qu'en empruntant les lignes suivantes à M. le professeur A. Gautier, qui recommande d'une manière générale : « Un régime végétal bien choisi, qui livre à l'organisme une quantité suffisante d'azote par les légumineuses, et d'où l'usage de la viande ne soit pas exclu ». Ces lignes sembleraient vraiment avoir été écrites en vue de poser, d'une manière spéciale, les bases de l'alimentation qui convient aux prisonniers et je crois qu'il serait impossible d'en donner une formule plus satisfaisante.

Composition des aliments les plus usuels en principes alimentaires.

Le tableau schématique ci-après p. 165, imité de ceux du Dr de Nédats, insérés dans les *Annales d'hygiène*, permettra de saisir, d'un coup d'œil, la composition en azote et carbone, des principaux aliments qui servent ou peuvent servir à l'alimentation des prisonniers, et de voir combien certains d'entre eux sont riches en azote, d'autres en carbone.

Il me semble nécessaire, afin d'éviter les erreurs qui pourraient être commises, de faire observer que les aliments compris dans ce tableau sont consommés en proportions très diverses;

ÉQUIVALENTS NUTRITIFS EXPRIMÉS EN AZOTE ET EN CARBONE (d'après Payen)
SUR 100 PARTIES DE SUBSTANCE FRAÎCHE

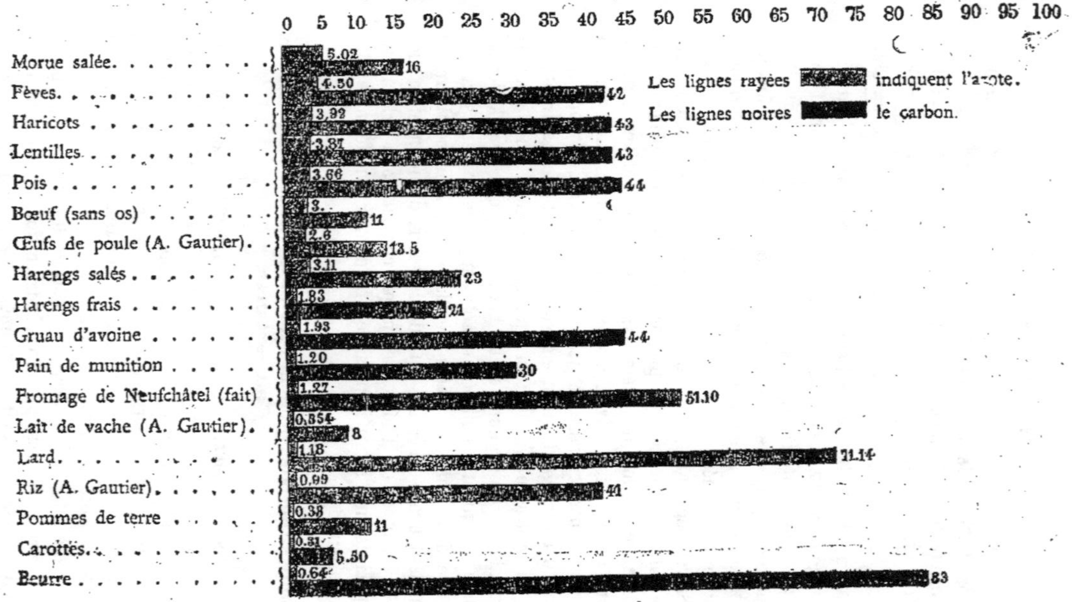

prenons deux exemples seulement ; à la première inspection du tableau, il semblerait que le beurre dût être plus nourrissant que le lait ; ce dernier contient $0^{gr},554$ d'azote et 8^{gr} de cabone ; le beurre $0^{gr},640$ d'azote et 83^{gr} de carbone ; mais, tandis qu'on peut facilement prendre dans une journée et comme unique aliment 3 litres de lait, et même plus, c'est-à-dire trente fois la quantité indiquée au tableau (et par conséquent $16^{gr},620$ d'azote, et 240^{gr} de carbone), le beurre ne sera jamais pris comme unique aliment ; on ne pourrait pas en élever la consommation dans les mêmes proportions.

Digestibilité des aliments.

Un point d'une importance capitale, dans les questions alimentaires, après la détermination de la valeur nutritive des aliments, c'est celle de leur digestibilité, car on ne se nourrit pas de ce qu'on mange, mais de ce qu'on digère.

Il me suffirait peut-être de dire qu'un usage journalier a tranché cette question, et que l'expérience, qui est et sera toujours le meilleur critérium en cette matière, a donné des résultats favorables ; en dehors même des prisons, il est peu de ménages où les aliments dont nous nous occupons n'aient leur entrée, avec des préparations identiques ou sensiblement les mêmes. Je puis ajouter que dans la prison on va même jusqu'à consulter le goût des détenus ; car un jour où je m'étonnais de ne pas voir figurer les lentilles dans l'ordinaire, il me fut répondu que les prisonniers n'en voulaient pas et les laissaient. Influence des temps ! à une autre époque, Ésaü vendait son droit d'aînesse pour un plat de lentilles !

Mais, aux preuves tirées de l'usage et de l'expérience, il ne sera pas sans intérêt, ni sans profit, d'en ajouter quelques autres d'ordre plus scientifique. Les curieuses expériences qui ont été faites, entre autres par M. de Beaumont, sur un Canadien qui avait une fistule gastrique, résultant d'un coup de feu ; par Lallemand, sur des individus atteints d'anus contre nature, et celles plus récentes du D^r Ch. Richet, sur un opéré du professeur Verneuil (1), jettent dans la question une lumière que nous ne devons pas dédaigner.

---

(1) Un jeune homme de dix-sept ans avait avalé par mégarde une solution

Que signifie le mot digestion ? Cette question n'est pas oiseuse; combien y a-t-il de personnes pour lesquelles cette expression est synonyme de garde-robes abondantes et faciles ! Les aliments les plus digestibles seraient alors ceux qui traversent l'intestin le plus rapidement. C'est une erreur. Digérer, c'est rendre solubles, dans les sucs que secrètent le tube digestif ou ses annexes, les parties des aliments susceptibles de servir à la réparation des tissus, à la production de la force et de la chaleur animale. « L'aliment le plus digestible, a dit Trousseau, est celui qui fournit à l'économie la plus grande quantité d'éléments réparateurs, en exigeant le moins de travail possible de la part des forces digestives. »

Il importe de faire remarquer qu'à cet égard on observe les variétés les plus grandes; rien de capricieux comme l'estomac; tel aliment léger pour l'un sera lourd pour l'autre, et, mieux encore, facilement digéré aujourd'hui, ne le sera plus demain, par le même individu. Aussi en cela, comme en presque tous les points de ces questions alimentaires, ne peut-on raisonner que sur des moyennes.

On a pu remarquer, dans les tableaux alimentaires de l'ordinaire des prisons, que les aliments sont délivrés sous forme de soupes, soupes aux haricots, aux pommes de terre, aux pois, etc. Ce mode de préparation, la pratique et la théorie s'accordent pour le démontrer, est très utile à la digestion des aliments. Tout le monde sait que l'odeur, le goût, la vue même d'un mets savoureux déterminent la sécrétion de la salive; c'est ce qu'on exprime en disant : « L'eau en vient à la bouche ». Les expériences de M. de Beaumont et celles de M. Ch. Richet sur l'opéré de Verneuil ont démontré une particularité plus curieuse encore, c'est qu'en même temps il y a sécrétion du suc gastrique : « Quand Richet introduisait dans l'estomac de Marcelin une substance alimentaire, il fallait, en outre, pour satisfaire son appétit, lui présenter et même lui faire mâcher

de potasse caustique; il en résulta une inflammation grave, puis une oblitération de l'œsophage; le malade était condamné à mourir de faim. Le 16 juillet 1876, il ne pesait plus que 33ᵏ et sa température était de 35°. L'habileté du savant chirurgien de la Pitié lui permit de vivre. Il pratiqua une gastrostomie (étymologiquement, une bouche au ventre) et dès lors le malade put être alimenté par cette bouche stomacale, qui permit ensuite à M. Ch. Richet, aidé des ressources de la chimie moderne, de faire des observations d'une grande précision et du plus haut intérêt.

simultanément des substances appétissantes ; et, cependant, il avait une oblitération complète de l'œsophage, et il n'existait, par conséquent, pas de communication entre la cavité buccale et l'estomac (1). » Les aliments qui favorisent ainsi la sécrétion du suc gastrique sont dits *peptogènes*.

Le bouillon de bœuf a longtemps passé pour un aliment très nourrissant ; c'était une réputation usurpée : « Sauf un millième environ de son poids de matières albuminoïdes transformées en substances solubles analogues aux peptones, le bouillon ne contient aucune autre substance organique, à proprement parler, plastique (2) ».

Néanmoins le bouillon est fort utile, et l'habitude qui le fait prendre au commencement du diner est excellente, parce qu'il renferme des sels nécessaires à l'acte de la nutrition, et facilite la digestion des autres aliments. Il en est de même des bouillons de légumes, d'oignons, etc.

« Lorsqu'on mange une grande quantité de viande, dit M. Dujardin-Beaumetz dans ses leçons de clinique thérapeutique, il faut favoriser le plus possible la sécrétion du suc gastrique et faire en sorte d'augmenter son acidité. Nous avons vu que les matières peptogènes excellent pour cette sécrétion. De là cette conséquence que les gros mangeurs doivent, au début des repas, prendre une grande quantité de soupe. De là aussi l'explication physiologique de cette coutume, que vous connaissez probablement tous, de prendre, après des repas plantureux, une soupe à l'oignon. »

La préparation des aliments sous la forme de soupes est donc avantageuse en raison de cette propriété peptogène du bouillon, gras ou maigre, auquel ces aliments sont intimement liés ; elle a encore une autre utilité : les graines des légumineuses sont revêtues d'une enveloppe, nommée *testa*, très réfractaire à l'action des sucs digestifs. Si ces substances étaient introduites dans l'estomac sans avoir subi une macération préalable et une mastication suffisante, elles pourraient parcourir tout le tube digestif, sans servir en aucune façon à la nutrition, les parties alimentaires de la graine se trouvant protégées par l'enveloppe restée intacte. Mais le mode de préparation qu'elles subissent

(1) Dujardin-Beaumetz, *loco cit.* t. I, p. 334.
(2) Armand Gautier, *loco cit.* t. I. p. 214.

ramollit, désorganise la testa; la pulpe se trouve, dès lors, en contact avec les liquides digestifs et peut subir la transformation nécessaire à la nutrition.

Sur le Canadien, porteur d'une fistule gastrique, qui servait à ses expériences, M. de Beaumont a fait des constatations auxquelles j'emprunte seulement celles qui concernent les aliments ordinairement délivrés aux prisonniers :

SUBSTANCES	PRÉPARATION	DIGESTION
		heures
Bœuf frais maigre (avec du sel)	bouilli	3.30
Beefsteak	grillé	3
Soupe (bœuf, légumes, pain)	bouillie	4
OEufs frais	cuits durs	3.30
—	à la coque	3
—	crus	2
Lait	bouilli	2
—	non bouilli	2.15
Fromage vieux, fort	cru	3.30
Beurre	fondu	3.30
Morue salée	bouillie	2
Pain de blé frais	cuit au four	3.30
Riz	bouilli	1
Soupe à l'orge	bouillie	1.30
Fèves	bouillies	2.30
Pommes de terre	bouillies	3.30
Carottes	bouillies	3.15
Navets	bouillis	3.30
Choux	bouillis	4.30

On peut observer, dans ce tableau, que certaines substances très nutritives, comme la viande, les œufs, sont d'une digestion assez lente, et que les aliments les plus nourrissants ne sont pas toujours les plus facilement digestibles; mais, tout en attribuant à ces expériences l'attention qu'elles méritent, il ne faut pas oublier, qu'il y a des prédispositions individuelles dont il convient de tenir grand compte; que, chez la même personne, les voies digestives ne se prêtent pas toujours avec la même facilité au travail de l'assimilation; enfin, que chaque partie de l'appareil digestif a sa fonction spéciale; tandis que certains aliments, comme les albuminoïdes, trouvent dans l'estomac le suc gastrique qui les transforme en peptones assimilables; d'autres, comme les hydrocarbonés, subissent dans la bouche même, et par le fait de la diastase salivaire, une première opération chimique qui sera continuée dans l'intestin par le suc pancréatique; les matières grasses ne rencontreront que dans les intestins les agents (bile, suc pancréatique) qui les rendent assimilables.

La rapidité avec laquelle certains aliments traversent l'estomac, ainsi que Lallemand l'avait constaté, ne démontre donc pas qu'ils sont réfractaires à la digestion; il n'en serait ainsi que s'ils parcouraient le tube digestif en entier, sans altération, comme les semences légumineuses dont l'enveloppe est demeurée intacte.

Les observations qui précèdent viennent donc à l'appui de l'expérience journalière pour prouver que les aliments délivrés aux détenus ne renferment pas seulement, dans les proportions voulues, les principes nutritifs primordiaux, mais encore que, par leur composition et leur mode de préparation, ils se prêtent d'une manière convenable à l'acte de la nutrition.

Rapports nécessaires entre les divers principes alimentaires.

Il est encore une autre condition que doivent remplir les aliments pour l'entretien de la santé, c'est de présenter certain rapport entre les substances quaternaires et les substances ternaires qui les composent. Une alimentation trop riche en matière azotée conduit à la pléthore, aux maladies de la peau, à la goutte, à la gravelle; tandis que les matières ternaires en excès peuvent déterminer la scrofule (1).

Quel doit être ce rapport?

Il semble que, pour résoudre cette question, il n'y ait qu'à prendre un aliment complet, capable de suffire à lui seul à l'entretien du corps, et de calculer les proportions des substances ternaires et quaternaires qu'il renferme. En réalité, le problème n'est pas aussi simple, ainsi que je vais le démontrer.

Le lait est assurément le type le plus achevé de l'aliment

---

(1) Bouchard, *loc. cit.*

complet. A lui seul ne suffit-il pas à l'enfant, pendant sa première
et quelquefois sa seconde année, c'est-à-dire à l'époque de la
vie où le développement du corps est le plus rapide, le plus
intense? Pour prouver qu'à lui seul il peut également suffire
à l'homme adulte, il n'est plus nécessaire de remonter à l'his-
toire ancienne et de citer le fait plus ou moins avéré de la jeune
femme romaine conservant, avec son lait, les jours de son père
condamné à mourir de faim. Après être, pendant quelque
temps, tombé dans un inconcevable discrédit, le lait a repris
sa vraie place dans l'alimentation et la thérapeutique. Très
nombreux sont les cas où il est conseillé comme unique aliment.
Chez un malade, épuisé par une entérité chronique, contractée
en Cochinchine, au point de perdre 32^k 1/2 de son poids dans
la traversée de Saïgon à Bordeaux, j'ai vu le lait, constituant le
seul aliment, la seule boisson, pendant 4 à 5 mois, produire le
retour à la santé et à l'embonpoint.

Le Dr Pécholier, professeur agrégé à la Faculté de Médecine
de Montpellier, écrivait dernièrement: « Je prétends qu'avec
3 litres de lait par jour on peut vaquer aux occupations ordinaires de la plupart des professions, surtout des professions
libérales. J'ai, pour ma part, une vie très active, et ceux qui
me connaissent savent que ma taille et ma corpulence sont
très au-dessus de la moyenne, et pourtant j'ai vécu à plusieurs
reprises pendant deux mois consécutifs avec 3 litres de lait par
jour (1). »

Mais le Dr Pécholier fait observer aussi « qu'avec une telle
alimentation un boxeur anglais ou un lutteur de nos foires
feraient triste figure vis-à-vis de leurs adversaires ». En d'autres termes, la puissance dynamogène du lait n'est pas égale à
sa puissance réparatrice. Or, comme la réparation s'opère prin-
cipalement par les principes albuminoïdes, tandis que la force
et la chaleur sont surtout fournies par les principes ternaires, ne sommes-nous pas autorisés à en conclure que, dans
l'alimentation mixte, pour les travailleurs, la proportion des
seconds par rapport aux premiers a besoin d'être plus forte
que dans le lait. — (Cette conclusion concorde d'ailleurs avec
l'opinion du plus grand nombre des physiologistes).

La proportion des substances azotées aux substances ternaires,

---

(1) *Gazette hebdomadaire de Médecine et de Chirurgie*, 16 mai 1884.

dans le lait de vache, serait, d'après les analyses de Hirt (1)
: : 1 : 2,48; d'après Liebig : : 1 : 3.

Liebig indique aussi les rapports suivants :

	MATIÈRES ALBUMINOÏDES	MATIÈRES TERNAIRES
Bœuf moyen	1	2
Lentilles	1	2,1
Fèves	1	2,2
Pois	1	2,3
Chair de mouton gras	1	3 »
Froment	1	4,6
Seigle	1	5,7
Pommes de terre	1	9 »
Riz	1	12 »

En se basant sur la composition du lait, cet auteur admet
que, dans les aliments composés, le rapport normal entre le
poids des matières azotées et la somme des hydrates de carbone et des graisses doit être : : 1 : 3.

Moleschott réclame le rapport : : 1 : 3,75.

A. Gautier — — : : 1 : 3,80.

C'est à peu près aussi ce que demande Voit (: : 1 : 3,88
pour des prisonniers adultes non soumis au travail manuel ;
et : : 1 : 4,71 pour le régime des prisonniers astreints au travail).

D'autres auteurs proposent une proportion un peu moins
élevée. M. le professeur Bouchard pose comme limites supé-
rieures : : 1 : 4,02 et comme limites inférieures : : 1 : 5,8, et
il cite, d'après Beneke, un cas dans lequel la substitution forcée du riz aux pommes de terre, dans un établissement, avait
fait passer le rapport à 1/7 et même 1/8 ; il en était résulté
une endémie de scrofule aiguë (2).

Enfin chez des bûcherons et des valets de ferme, bien por-
tants, le régime habituel, indiqué par Liebig et Ranke, présentait les proportions suivantes : : 1 : 6,12 et : : 1 : 8,92 (3).

Il me paraît rationnel de conclure de ces faits qu'en prenant
comme limite inférieure : : 1 : 6 ou 6,5 et comme limite supérieure : : 1 : 3 on ne court aucun risque de s'égarer.

---

(1) Arnould, *Éléments d'hygiène*, p. 769.
(2) Bouchard, *loc. cit.*
(3) Arnould, *loc. cit.*, p. 726.

V

Examen du principe progressif adopté dans les prisons anglaises.

En Angleterre, j'ai déjà eu l'occasion de l'indiquer, le régime alimentaire des détenus a été établi sur d'autres bases. Les prisonniers, condamnés à de courtes peines ne reçoivent qu'une nourriture restreinte: l'alimentation de ceux dont l'emprisonnement doit être prolongé est plus abondante, mais elle ne leur est pas délivrée dès le début de l'incarcération : il y a une sorte de stage; c'est ce que nos voisins d'outre-Manche appellent le *principe progressif*.

, Les considérations sur lesquelles il est basé sont les suivantes : Il est généralement admis qu'un régime sévère, pendant une période de temps limitée, est non-seulement inoffensif, dans les circonstances ordinaires, mais souvent même avantageux. Un semblable régime est donc tout ce qui convient à un prisonnier qui subit une incarcération de quelques jours, ou de quelques semaines. Donner à ce prisonnier l'alimentation reconnue nécessaire pour l'entretien de sa santé durant une plus longue période, c'est méconnaître l'opportunité d'un châtiment salutaire ; c'est, pour ainsi dire, encourager la perpétration de fautes légères et préparer la voie des habitudes criminelles.

D'un autre côté, accorder au prisonnier, qui a commis un crime d'une certaine gravité, un régime supérieur à celui que reçoivent les détenus dont les fautes sont légères, c'est aller contre le but que poursuit la justice.

Telles étaient les raisons qu'alléguait une Commission nommée en 1864 pour étudier cette question ; elle proposait de faire commencer tous les prisonniers par le régime le plus bas, pour les faire arriver, degré par degré, à celui de leur classe.

Ces vues furent combattues par une autre Commission, chargée en 1867 d'une enquête sur les prisons de comtés et de bourgs en Irlande. Selon elle, cette pratique doit produire les plus déplorables résultats; c'est, en effet, dans la première période

de l'emprisonnement que la privation de la liberté est le plus
pénible; c'est là que le remords du crime qui a amené la condamnation, que le chagrin d'avoir été découvert, que toutes
sortes de causes s'unissent pour déprimer les forces vitales; si
l'on y joint encore une nourriture insuffisante, le détenu est
hors d'état d'accomplir sa tâche, sa santé décline, et il faut que
le médecin en arrive à prescrire le régime extraordinaire
(*extra diet*).

Le rapport de 1878 s'efforce de montrer que la contradiction
entre ces deux opinions est plus apparente que réelle; que dans
les deux systèmes il y a du vrai; que c'est dans un terme moyen
qu'il convient de chercher une solution qui conduise au but
poursuivi, sans porter atteinte à la santé; il fait observer que
les objections qu'on oppose au principe progressif, s'adressent
non au principe lui-même, mais à un système particulier d'application, et aux cas dans lesquels il est poussé jusqu'à ses
plus extrêmes limites.

Ce rapport conclut à l'adoption du principe progressif,
modifié en ce sens que le condamné est soumis, pendant un
certain temps, au régime de la classe qui précède la sienne,
mais sans passer par le régime le plus bas lorsqu'il s'agit des
classes III et IV. C'est le système indiqué par le diagramme
inséré page 25.

Au premier abord il paraît séduisant; mais il prête à de
nombreuses objections. Il n'atteint pas, il est vrai, comme
complication, le niveau du système de 1864, sous lequel, dans
une même prison contenant des hommes et des femmes, avec
ou sans travail obligatoire, il y avait jusqu'à 14, 16 ou 18
régimes différents, le même jour et cela sans compter les régimes
d'infirmerie et ceux des détenus en punition; néanmoins, il
laisse encore à désirer sous le rapport de la simplicité; il ne
contient pas, en effet, moins de huit classes:

4 pour les hommes condamnés au travail obligatoire

4 pour les hommes et les femmes, sans travail obligatoire.

Les difficultés administratives que le rapport signale dans
l'application du système de 1864 sont donc allégées, mais non
supprimées.

En outre, bien que la Commission de 1878 pense que la
différence entre les deux opinions indiquées ci-dessus est
moins grande qu'on pourrait le supposer, il n'en est pas moins

vrai qu'il y a, en présence, deux allégations absolument contra-dictoires : suivant l'une, aucun inconvénient, quelquefois même avantage à rationner le détenu pendant la première période de l'incarcération; suivant l'autre, danger grave à procéder de cette manière, car cette première période est précisément celle dans laquelle les causes de dépression sont les plus nombreuses, les plus actives.

N'apparaît-il pas, dès lors, que le système progressif semble être un expédient? N'est-ce pas comme si l'on tenait ce raison-nement : « Le prisonnier, comme tout le monde, a besoin d'une certaine somme de nourriture; mais pendant un certain temps on peut se dispenser de la lui donner; cette diète forcée ne révélera point ses effets par des preuves manifestes; les appa-rences seront sauves. »

Assurément, ce n'est point de ce sentiment que se sont ins-pirés les partisans du principe progressif. Ce système, néanmoins, peut n'être pas jugé suffisamment humanitaire.

Tel n'est pas, si je ne m'abuse, le principe que je formulerais comme il suit :

Tout le nécessaire (point de vue hygiénique);

Le strict nécessaire (point de vue pénitentiaire).

VI

Exposé et discussion de divers travaux relatifs à l'alimentation des détenus.

Pour terminer ce travail, il me reste à discuter quelques opinions relatives à l'alimentation des prisonniers, en contradiction avec les miennes; émises par des médecins; elles acquièrent, sous leur plume, une certaine gravité et, par cela même, elles ont pu ou pourraient servir de base à ces critiques de la presse quotidienne, auxquelles font allusion les commentaires du programme tracé par la commission d'organisation du congrès de Rome.

Opinion du Dr Dève.

C'est ainsi que le Dr Dève, dans un travail sur la tuberculose chez les prisonniers, prétend que « ce qui favorise le plus l'éclosion de la tuberculose chez les prisonniers, c'est une alimentation insuffisante, souvent mal préparée et toujours extrêmement peu variée. L'insuffisance de l'alimentation porte, non seulement sur la quantité, mais encore sur la qualité (p. 7) ».

L'affirmation est grave, mais j'en ai vainement cherché la preuve; à la suite de cette critique se trouve même un aveu précieux à retenir : « On nous dira, sans doute, que la nourriture du prisonnier est beaucoup plus abondante, toutes proportions gardées, que celle des militaires dont le métier est très pénible, les fatigues beaucoup plus grandes, et qui, par conséquent, doivent réclamer davantage pour leur entretien. — C'est vrai !!... »

Après avoir indiqué très brièvement, en trois lignes, le régime des prisons, l'auteur ajoute : « Sans essayer de faire ici de la philanthropie, évidemment cette nourriture est insuffisante à tous les points de vue. De plus, les aliments absorbés sont très pauvres en azote et en carbone ».

Ces assertions auraient besoin d'être appuyées sur des bases

scientifiques. Loin de moi la pensée de considérer le séjour de
la prison comme absolument inoffensif, et de lui dénier toute
espèce d'influence sur certaines manifestations morbides, telles
que la tuberculose; mais je suis convaincu qu'il y a à cela des
causes multiples et fort nombreuses, et que, pour les supprimer,
il ne faudrait rien moins que supprimer la prison elle-même.
Je ne pense pas que la Société soit disposée à entrer dans cette
voie, à moins que les assassins, les voleurs, les faussaires, etc.
ne commencent, en renonçant à leurs méfaits, comme le
demandait un écrivain humoriste à propos de la suppression de
la peine de mort.

Faudrait-il donc, sous prétexte de prévenir la tuberculose,
accorder aux prisonniers des aliments plus abondants, plus
choisis, plus variés que ceux qu'on délivre à nos soldats, que
ceux dont se nourrissent le plus grand nombre des ouvriers
libres? Et, avec ce régime, serait-on sûr du résultat? Mais ne voit-
on pas, tous les jours, la tuberculisation se manifester dans
des familles riches, chez des sujets, entachés ou non d'hérédité
dont l'alimentation est des plus recherchées?

Il est tôt fait de dire que la nourriture dans les prisons est
insuffisante et mal préparée; plus difficile de le prouver.
M. le Dr Dève ne s'y est d'ailleurs pas employé; il se contente
d'affirmer le fait. Je ne suis pas de son avis. Revenir ici sur ce
que j'ai dit de l'alimentation, comme quantité, serait superflu;
quant à la qualité, depuis bientôt 21 ans, il ne se passe guère
de semaine que je n'aie l'occasion d'examiner, sentir et goûter
les aliments et je déclare que je n'ai jamais trouvé place à de
sérieuses critiques. Il en est de même à la maison centrale de
Gaillon; car voici ce qu'écrit, à ce sujet, le Dr Hurel: « Quant
à la préparation et à la qualité des aliments de la cantine et de
la détention, je n'en dirai rien. On ne pourrait, à cet égard, que
féliciter l'administration (1) ».

____

(1) Dans le remarquable article, sur le régime pénitentiaire, inséré par
M. O. Marais, avocat, dans le _Journal de Rouen_ du 18 octobre 1884, on lit
en note : « Un magistrat de ce ressort, qui est un criminaliste distingué,
nous disait l'étonnement qu'il avait éprouvé en visitant, cette année, la maison
centrale de Gaillon. Il fut d'abord frappé de l'air de satisfaction calme et
tranquille régnant sur les visages des prisonniers. Ces gens-là sont heureux,
autant qu'on peut l'être sans la liberté. Les cuisines, d'une propreté exquise,
renfermaient encore le dîner qu'on allait servir. C'était jour de nourriture
maigre (il y en a un par semaine), en voici le menu : potage à la julienne.

Toutes les personnes qui ont, avec moi, visité la cuisine de la prison départementale, ont remarqué la propreté qui y règne, le soin avec lequel les aliments sont manipulés. Il me souvient, entre autres, d'une visite faite par MM. le général Merle, Nétien, maire de Rouen, Delamare, adjoint, Sauvageot, architecte de la Ville, et de l'énergique exclamation de surprise indignée du général : « Sacrebleu ! dire que nous ne pouvons pas obtenir dans nos casernes cette propreté et ces soins, et que ces canailles-là sont mieux traitées que nos soldats ! »

Il n'y a pas, d'ailleurs, que sur la question alimentaire que M. le Dr Dève se soit laissé entraîner par les préoccupations de philanthropie excessive dont il se défend ; voici en quels termes émus il décrit (p. 16) le travail imposé aux détenus : « Il suffit de *voir* ces ouvriers travaillant dans les ateliers pour comprendre de suite combien doit être imparfaite l'ampliation du thorax ! Assis, le plus souvent, sur des sièges généralement trop hauts, sans dossier, ils sont obligés, pour remplir leur tâche, de plier leur corps de cent façons, de baisser la tête, de se placer enfin dans une position où forcément la respiration se trouve gênée. En les *voyant* de temps à autre se redresser pour faire une inspiration, on s'aperçoit facilement qu'ils cherchent à prendre une provision de l'air qui leur fait défaut, à la fois vicié et raréfié. »

Ce n'est pas sans quelque surprise que j'ai lu cette description imagée du travail des ateliers, alors que, quelques pages plus haut, l'auteur avait dit : « A propos des ateliers, nous devons avouer que, par leur situation et par les matières qu'on y travaille, ils nous ont paru loin de réaliser les conditions d'une bonne hygiène. — *Ils étaient vides quand nous les avons visités* ».

M. Dève se serait-il, par hasard, contenté d'une seule visite ? Ce serait bien peu pour juger des questions d'une appréciation aussi délicate, et formuler des jugements aussi sévères !

J'ai été parfois accompagné à la prison par des personnes qui, jusque-là, n'y avaient jamais pénétré ; j'ai toujours remar-

---

macaroni au gratin, haricots à l'huile. Tout cela fut goûté et trouvé d'une préparation parfaite ; les portions étaient abondantes ».

[Il s'agissait assurément, dans ce cas, non de l'ordinaire, mais des vivres de cantine ; néanmoins l'observation relative à la propreté et aux soins donnés à la préparation des aliments n'en est pas moins exacte. Dr M. D.]

qué que ce n'était pas sans émotion, pour ne pas dire sans effroi, qu'on franchit pour la première fois, ce seuil mystérieux et redoutable.

C'est à une impression de cette nature, éprouvée par M. Dève, qu'il faut sans doute attribuer des opinions qu'on pourrait considérer comme entachées d'exagération, sinon d'erreur.

Opinion du D\u02b3 Chipier.

Les critiques au sujet de l'alimentation se rencontrent encore dans un travail de M. le D\u02b3 Chipier sur « La Cachexie des prisons ». Mais l'auteur se borne également à formuler une appréciation : « Il est de notoriété bien avérée, pour tous ceux qui connaissent les prisons, telles qu'elles sont en France, que les individus incarcérés ne jouissent pas d'une aération suffisante, *d'une alimentation suffisante*, en un mot d'une hygiène très rationnelle ».

La notoriété me semble absolument insuffisante à juger cette question. Que d'opinions longtemps admises comme certaines, que de prétendus axiomes dont l'erreur a été ensuite démontrée !

J'admettrai volontiers que l'internement entre les grands murs d'une prison n'est pas sans inconvénients; l'anémie chez les prisonniers a été depuis longtemps signalée. Ferrus avait parlé du teint blafard des détenus. C'est encore cette propension à l'anémie qui a inspiré, dans les récentes discussions du nouveau règlement, les arguments des membres de la commission qui réclamaient l'addition du vin à l'alimentation. Mais cette anémie s'explique parfaitement par le simple séjour dans la prison, sans qu'il soit nécessaire de faire intervenir l'insuffisance ou la mauvaise qualité de l'alimentation. Les mineurs ne sont-ils pas sujets à l'anémie ? La plante qui croît à l'abri du soleil, n'est-elle pas toujours pâle, étiolée, quelque plantureuse que soit la terre dans laquelle elle se développe, quelque riches que soient les engrais qu'on lui prodigue ? On utilise même, dans le jardinage, la connaissance de ces faits pour obtenir des salades plus tendres et plus blanches, et produire presque tous les lilas blancs. La chlorophylle qui colore en vert les tissus végétaux, comme l'hémoglobine qui donne au sang de l'homme sa couleur vermeille, ont un absolu besoin des rayons solaires. Leur absence ou leur insuffisance pourrait souvent, à elle seule, fournir l'explication du teint blafard des détenus; mais il y bien d'autres raisons encore, et en particulier l'état dans lequel les avait presque toujours mis, avant leur entrée en prison, leur conduite, leurs vices, la débauche et les privations ; on ne tient généralement pas assez de compte, dans le débat, de ces antécédents, qui sont pourtant des facteurs d'anémie au plus haut degré.

Opinion du Dr Hurel.

Mon distingué collègue et ami, le Dr Hurel, médecin de la maison centrale de Gaillon, à l'intéressant travail duquel j'ai fait de nombreux emprunts, est arrivé à des conclusions différentes des miennes. Tandis que j'admets que le régime alimentaire des prisons, tel qu'il est indiqué dans le cahier des charges, est *suffisant comme ration d'entretien* et que les aliments fournis par la cantine contiennent les éléments nécessaires à la ration de travail, — suivant le Dr Hurel :

« 1º Le régime alimentaire, tel qu'il est indiqué par le cahier des charges, est insuffisant ;

2º Le régime des détenus n'ayant pas de ressources personnelles, bien que gratifiés du pain de supplément, est également insuffisant ;

3º Le régime alimentaire des prisons, y compris les vivres que peuvent se procurer à la cantine les détenus ayant un pécule, doit être considéré comme représentant ce qu'on appelle *la ration d'entretien*, c'est-à-dire le régime dans les conditions les plus ordinaires de la vie. »

Il est facile de trouver la cause de ce désaccord et de montrer que la divergence est plus apparente que réelle ; elle provient d'une interprétation différente du mot *ration d'entretien* et d'une méthode dissemblable dans l'argumentation.

Le Dr Hurel ne s'est pas occupé de la quantité d'aliments *suffisante* pour les détenus *hors l'état de travail*, c'est-à-dire de ce que j'appelle avec A. Gautier, de Gasparin etc. la *ration d'entretien* ; et il emploie cette expression avec un sens absolument différent. Suivant lui « pour entretenir la vie et les forces d'un homme adulte *adonné aux travaux du corps*, il faut que les aliments pris en 24 heures contiennent 310^{gr} de carbone, plus 120^{gr} de substance azotée, renfermant 20^{gr} d'azote. Il y

aura alors équilibre entre les dépenses corporelles et les recettes
alimentaires et on aura ainsi *la ration* normale ou *d'entretien*,
c'est-à-dire la quantité d'aliments nécessaires pour subvenir
entièrement aux métamorphoses nutritives de chaque organe,
et en même temps à la conservation du poids total du
corps ».

On comprend aisément la confusion que fait naître cet emploi
des mêmes expressions avec des sens opposés, et, par suite, on
peut voir que la divergence d'opinions tient plutôt aux mots
qu'aux choses ; elle ne porte en effet, (la véritable signification
des mots étant rétablie), que sur la quantité d'azote réclamée
pour les travailleurs, M. Hurel demandant 20ᵍʳ, et moi 16 à 18
seulement.

D'où provient cette différence ? De la méthode employée.

Le Dʳ Hurel a considéré, comme rigoureusement démontré
par la physiologie, que la ration d'un détenu soumis au travail
ne pouvait contenir moins de 20ᵍʳ d'azote, et, de ce principe
posé comme axiome, il a fait le point de départ de toute son
argumentation.

Pour moi, au contraire, c'est la fixation de ce chiffre qui a
fait le véritable objet de ce travail. Après avoir montré les écarts
considérables qui existent, à cet égard, dans les appréciations
des physiologistes, je me suis efforcé, pour arriver à déterminer
la quantité de principes nutritifs nécessaires à la réparation
des tissus et à l'entretien des forces, dans les diverses circonstances de la vie du prisonnier, de rassembler et de contrôler
les unes par les autres les données de la science et celles de
l'expérience.

Or, 1º les recherches de Payen lui-même, auquel le Dʳ Hurel
a emprunté son chiffre 20ᵍʳ d'azote, n'ont-elles pas démontré
que, dans la vie claustrale et dans celle des prisons, l'entretien
des forces et de la santé exige une nourriture moins abondante
que dans la vie libre, avec les exigences, les préoccupations,
l'activité fiévreuse du combat pour l'existence ? 12ᵍʳ,6 d'azote
et 265ᵍʳ de carbone suffiraient, d'après ce savant, et dans ces
conditions, pour un homme d'un poids moyen.

2º Un éminent physiologiste, dont l'opinion fait autorité en
ces matières, le professeur von Voit ne réclame-t-il pas, pour
un homme de taille moyenne, travaillant avec mesure, seulement
118 grammes d'albumine, dont 100 assimilables ? 118 grammes

d'albumine renferment environ 18^g.15 d'azote; 400 grammes = 15^g,3.

3° Les expériences faites dans les prisons d'Écosse, où la quantité d'azote contenue dans les aliments atteint 18^{gr},5 et 21^{gr},5, n'indiquent-elles pas, par l'augmentation du poids qu'elles révèlent, que cette alimentation dépasse vraiment le but que se propose la société ?

4° Pendant un hiver rigoureux, au milieu de dangers, d'émotions et de fatigues sans nombre, les mobiles, au siège de Paris, n'ont-ils pu maintenir d'une manière à peu près satisfaisante leurs forces et leur santé avec un régime qui ne contenait que 12^{gr},5 d'azote et 263^{gr} de carbone ?

5° Enfin le marin anglais n'est pas, que je sache, maladif, et nous ne savons que trop que le soldat prussien, avant la guerre néfaste de 1870, jouissait d'une bonne santé; et cependant quoique leur genre de vie entraîne de grandes fatigues, leur régime alimentaire ne comporte que 16^{gr} d'azote.

Donc, en réclamant ce dernier chiffre pour les détenus et même (en prévision d'erreurs possibles) en laissant une certaine latitude de 16 à 18^{gr}, j'ai la conviction de ne pas rester en dessous des nécessités physiologiques, et en même temps de répondre à la pensée de la commission d'organisation du congrès, qui demande de tenir compte tout à la fois du côté hygiénique et du côté pénitentiaire de la question.

Il faudrait, pour me faire abandonner cette conviction qu'il me fût bien démontré que, de cette alimentation prétendue insuffisante, il est résulté des maladies, ou même simplement, un épuisement, un état permanent de malaise dont l'origine ne saurait être douteuse. Le travail du Dr Hurel contient, à cet égard, une seule assertion : « L'année 1871, dit-il, pendant laquelle, à cause de la suspension du travail, il y a eu une diminution très sensible de la consommation de la cantine, nous offre plus de cas d'anémie, plus de cas de phthisie que les deux années précédentes qu'il nous a été donné d'observer. »

Les résultats de la statistique, en dehors de toute cause spéciale, sont, tout le monde le sait, beaucoup trop variés pour que ceux d'une seule année, ou même de deux ou trois ans, puissent suffire à asseoir un jugement. Il ne faut qu'une coïncidence, qu'un simple hasard, qui amène, la même année, dans une même prison, plusieurs individus déjà atteints d'une maladie, ou sur le point de l'être, pour que les résultats de la statistique de cet établissement soient sérieusement modifiés, indépendamment de tout changement dans l'hygiène soit générale, soit alimentaire; c'est ainsi que mes tableaux de statistique comparée pour la prison de Bonne-Nouvelle et le quartier correctionnel présentent, d'une année à l'autre, des variations considérables dans les chiffres des maladies et des décès, sans qu'on puisse faire intervenir comme facteur le régime alimentaire, puisqu'il est toujours resté le même.

CONCLUSION

L'étude et les considérations qui précèdent vont me permettre de conclure et de répondre à la question posée : « *Sur quels principes doit être basée l'alimentation des détenus au point de vue hygiénique et pénitentiaire?* »

Ces principes sont au nombre de deux : l'un philosophique, l'autre scientifique.

La Société, qui séquestre un individu, se substitue à lui pour la satisfaction des besoins matériels de l'existence.

Elle met le coupable hors d'état de nuire et le châtie en le privant de sa liberté et en le soumettant à une discipline sévère.

Elle ne doit rien faire qui puisse compromettre son existence, sa santé et ses forces. Elle lui doit donc tout ce qui est nécessaire à leur entretien; rien de plus.

Tout le nécessaire, le strict nécessaire. — Voilà le principe philosophique.

Quant au principe scientifique, il repose sur les trois données physiologiques suivantes, corroborées par l'expérience :

1° L'homme, en état de santé, *sans travail,* doit prendre un minimum d'alimentation *nécessaire* et *suffisant,* que l'on désigne en physiologie sous le nom de « RATION D'ENTRETIEN ».

Cette ration est représentée par un ensemble de substances alimentaires contenant une moyenne de 11 à 12 grammes 5 d'azote, et de 230 à 270 grammes de carbone.

2° L'homme qui travaille a besoin d'un supplément de nourriture que l'on désigne sous le nom de « RATION DE TRAVAIL ».

Cette ration est représentée, en sus de la ration d'entretien, par un ensemble de substances alimentaires contenant une moyenne de 5 grammes à 5 gr. 5 d'azote et de 70 à 110 grammes de carbone.

3° Pour que l'alimentation réponde aux besoins physiologiques, la proportion des substances albuminoïdes ou azotées, par rapport aux substances ternaires ou non azotées, peut osciller entre 1/3 ou 1/6,5; mais elle ne doit pas s'écarter de ces rapports, soit en plus, soit en moins, d'une manière durable.

L'application de ces deux principes à la pratique pénitentiaire serait très facile.

En ce qui concerne la *ration d'entretien*, le régime ordinaire prescrit aux cahiers des charges, pour les maisons centrales et les prisons départementales ou d'arrondissements, est, pour le moins, suffisant; il pourrait donc être conservé sans modification *et sans supplément* pour les détenus qui ne travaillent pas.

En ce qui concerne la *ration de travail*, les vivres supplémentaires ou de cantine, au lieu d'être facultatifs et aléatoires comme ils le sont aujourd'hui, devraient devenir obligatoires et être calculés de manière à contenir les proportions de substances nutritives précédemment indiquées. Le supplément de dépenses répondant à ce supplément d'alimentation devrait être supporté par le détenu travailleur, et par l'entrepreneur (ou l'État lorsque le travail se fait en régie), proportionnellement au profit que chacun d'eux tire du travail produit.

Le principe de cette réforme étant posé dans l'ordonnance du 27 décembre 1843, (1) on pourrait l'introduire dans les établissements pénitentiaires sans législation nouvelle.

La ration d'entretien et la ration de travail étant reconnues suffisantes, il serait assurément logique et conforme au principe du « strict nécessaire » de ne rien donner de plus; mais ne serait-ce pas méconnaître l'essence même de la nature humaine et priver l'administration d'un puissant moyen d'action, que de ne pas ménager à celle-ci la possibilité de récompenser les plus méritants par une faveur exceptionnelle?

Un arrêté du 24 mars 1854 a permis d'accorder des dixièmes supplémentaires à ceux des condamnés qui en sont jugés dignes par leur bonne conduite et leur assiduité au travail. Ne pourrait-on permettre à l'administration d'affecter, si le détenu le désire, tout ou partie de ces dixièmes supplémentaires à l'achat d'un aliment un peu plus choisi; et cette faveur exceptionnelle, accordée une ou deux fois par semaine, ne serait-elle pas, pour l'administration un stimulant utile; pour le détenu un encouragement à la bonne conduite et au travail qui est le plus puissant des moyens de moralisation?

L'ensemble du régime étant établi sur les bases qui précèdent, il serait utile de permettre d'y apporter de légères modifications en ce qui concerne les jeunes détenus, les vieillards et les femmes.

Chez les jeunes gens, à l'époque de la croissance, il s'opère

---

(1) Voir Ch. III, p. 34 et 35.

dans l'économie des modifications profondes qui, parfois, se traduisent par des troubles de la santé : affaiblissement, pâleur, amaigrissement, apathie, essoufflement, etc.

Le meilleur moyen de prévenir ces accidents ou d'y remédier consiste dans une bonne hygiène générale et alimentaire; il conviendrait de faire figurer en plus forte proportion, dans le régime, le lait, les œufs, le poisson; ces aliments introduisent dans l'économie, sous une forme facilement assimilable, les divers éléments, les sels, et particulièrement les phosphates terreux indispensables au développement du corps.

Chez les vieillards l'estomac devient paresseux ; les aliments qu'il reçoit et dont la trituration est insuffisante par le manque de dents, se prêtent plus difficilement au travail de l'assimilation; le pain et les féculents, qui réclament surtout la mastication et l'insalivation, ne peuvent être pris qu'en plus faible quantité ; — de là la nécessité de donner aux vieillards un peu plus de viande et quelques boissons fermentées, vin, bière ou cidre.

Chez la femme les organes sont généralement plus délicats; les besoins moins grands ; la prédisposition à l'appauvrissement du sang plus marquée ; — il en résulte fréquemment des états névropathiques rebelles. — Le travail qu'on exige d'elles, est rarement pénible; aussi, en Angleterre, sous le rapport des catégories de régime, a-t-on rangé les femmes soumises au travail dans les mêmes classes que les hommes sans travail. Il est certain que, en général, la femme peut manger moins de pain que l'homme; pour cette raison, ainsi que pour lutter contre la tendance à la chloro-anémie, il serait utile de diminuer (ainsi que cela se pratique d'ailleurs) la quantité de pain, mais de faire une place un peu plus large à la viande, au poisson, au lait et aux œufs.

Ces modifications, on le voit, sont d'importance tout à fait secondaire, et ne détruisent nullement l'économie générale du projet que je présente, en réponse à la question posée sur le régime alimentaire des détenus.

Ce projet tient compte des résultats acquis par la science et par l'expérience, en même temps que des exigences de la philosophie, où, si l'on veut, d'une saine philanthropie, de cette philanthropie qui ne se paie pas de mots, qui ne voudrait pas demander à la société, en faveur des criminels, des sacrifices d'argent qu'elle ne peut faire en faveur de ses soldats, des malades de ses hospices, et de tous les honnêtes gens aux prises avec les difficultés de la vie.

La simplicité du projet est son principal mérite. Mais n'est-ce pas cette simplification que réclame la Commission chargée de l'organisation du Congrès pénitentiaire? N'est-ce pas aussi par la simplification de chacun de ces mille problèmes particuliers, dont se compose ce qu'on est convenu d'appeler « le problème social », qu'il sera permis d'arriver, sinon à une solution com plète et définitive, du moins à des résultats qui se rappro- cheront de plus en plus de ce qui est juste et vrai?

TABLE DES MATIÈRES

IMPRIMERIE CENTRALE DES CHEMINS DE FER. — IMPRIMERIE CHAIX.
RUE BERGÈRE, 20, PARIS. — 1865-5.